Auf den
Bergen wohnt
die Freiheit

„Das Leben ist nicht genug", sagte der Schmetterling.
„Sonnenschein, Freiheit und eine kleine Blume
gehören auch dazu."

HANS CHRISTIAN ANDERSEN

Johanna Bauer

Auf den Bergen wohnt die Freiheit

Sennerinnen in den bayerischen Alpen – früher und heute

Volk Verlag München

Die Deutsche Bibliothek verzeichnet diese Publikation in der Deutschen Nationalbibliografie;
detaillierte bibliografische Daten sind im Internet über http://dnb.ddb.de abrufbar.

© 2017 by Volk Verlag München
Streitfeldstraße 19, 81673 München
Tel. 089 / 42 07 96 98 - 0, Fax 089 / 42 07 96 98 - 6
www.volkverlag.de

Druck: Kösel, Krugzell

ISBN 978-3-86222-238-4

Inhalt

Prolog:
Die schönste Zeit ihres Lebens

Ich kann mich noch gut erinnern: Wenn meine Mutter früher in der Küche beim Buttern war, erzählte sie oft von ihrer Zeit als junges Mädchen auf der Alm. Meistens schloss sie dann mit einem Seufzer und dem Satz: „Das war die schönste Zeit in meinem Leben!" – Warum? Das fragte ich mich schon damals, als kleines Kind. Ich hockte, wie immer mit angewinkelten Füßen, auf der Bank neben dem warmen Küchenherd und dachte mir: Warum war das die schönste Zeit in ihrem Leben?

Ich wusste damals noch kaum etwas über das Leben meiner Mutter. Wusste nichts von den Jahren vor und während des Zweiten Weltkriegs – die Zeit vor ihrer Heirat mit meinem Vater. Nichts von ihren ersten Verliebtheiten und romantischen Schwärmereien, die es für ein junges Mädchen auch in jener Zeit gab, auch auf einem Bergbauernhof im bayerischen Inntal.

Doch ich weiß: Mein Entschluss, im Sommer 2009 auf eine Alm zu gehen und als Sennerin zu arbeiten, hängt auch mit ihren Erzählungen zusammen. Und mit diesem einen Satz meiner Mutter von der „schönsten Zeit ihres Lebens".

Aus dem Tagebuch
einer Sennerin ...

Almauftrieb, Samstag 4. Juli, abends:

Hilfe! Warum wollte ich eigentlich als Sennerin auf eine Alm? Ich kann mich im Moment wirklich nicht mehr erinnern. Jetzt, am ersten Abend alleine mit den Tieren, denke ich nur: Was mache ich hier? Wie soll ich es an diesem Ort aushalten, über zwei Monate lang?

Ich hasse Kühe! Sie stinken, machen Dreck, sind laut. Das ständige Gebimmel der Glocken! Ohne die Tiere, letztes Wochenende alleine zur Vorbereitung auf der Alm, war es viel schöner. Diese himmlische Ruhe – vorbei! Wie gerne wäre ich jetzt in meiner gemütlichen, kleinen Dachwohnung in der Stadt. Komfortabel, trocken, mit Dusche und WC-Spülung. Ich, für mich allein. Kein Wanderer, der unerwartet in der Hüttentür steht und fragt, ob der „Ausschank" schon eröffnet sei. „Welcher Ausschank?", habe ich etwas unwirsch zurückgefragt. Ich dachte, ich lebe hier in der Einsamkeit ... Heute Nachmittag war das, als ich den Boden in der Hütte rauswischte. Die Familie des Bauern und die anderen Auftriebshelfer waren gerade abgezogen. Alle zusammen hatten wir vorher noch gemeinsam Brotzeit gemacht. Draußen regnete es, wie schon in den letzten Tagen immer wieder.

Morgen ist Sonntag. Da werde ich meinen „Ausschank" eröffnen. Im Keller warten aufgestapelte Getränkekisten auf durstige Wanderer, die auf dem Weg Richtung Wendelstein oberhalb der Hütte vorbeikommen. „Des erwarten d'Leit', dass es bei uns was zum Trinken gibt", hat mir mein Bauer beim „Bewerbungsgespräch" diesen Zusatzjob erklärt.

Jetzt am Abend sitze ich bei Kerzenschein alleine am großen Tisch. Strom gibt es keinen und das Gaslicht mag ich nicht anzünden. Es zischt und faucht so laut. Im Stall nebenan rumpeln die Kälber. Ich kann das leise, rhythmische Klingeln ihrer Glöckchen hören, wenn sie wiederkäuen. Sogar ihr Schnaufen. Zwischen Stube und Stall ist nur eine Holzwand. Ob ich überhaupt schlafen kann heute Nacht?

Sonntag 5. Juli, morgens:

Wider Erwarten habe ich doch noch gut geschlafen. Es geht mir wieder besser an diesem Sonntagmorgen. Um 5.30 Uhr aufgewacht, nur mit Unterwäsche in den Arbeitsoverall geschlüpft, schnell aufs Plumpsklo hinter der Hütte, dann die „Kaibe", die Kälber, gefüttert und den Mist durch das „Schourer"-Loch in der Stallwand nach draußen geschoben. Während die Kälbchen noch fressen, suche ich die „Koima", die Jungkühe, die draußen auf der Weide ihre erste Almnacht verbracht haben. Das ist schnell erledigt, denn sie grasen alle friedlich auf dem Hang oberhalb der Hütte. Die Almhütte liegt in einer Senke, und wenn ich den Kopf aus der Tür stecke, brauche ich nur die Hänge rundherum mit den Augen abzusuchen, um „meine" Tiere zu zählen.

„Guten Morgen, Nr. 88156!" Ich rede mit Kühen. Und zwar mit Kühen, die Nummern haben und noch nicht einmal Namen. Einen solchen bekommen sie in der Regel erst, wenn sie ihr erstes Kalb geboren haben. Dann steigen sie in die Riege der Milchkühe auf. Als solche sind sie die wichtigsten Mitarbeiter eines bayerischen Milchbauern und haben drunten im Tal ihren Job zu erledigen. Als Koima, wie die jungen, oft bereits trächtigen Kalbinnen im südöstlichen Oberbayern genannt werden, dürfen sie noch namenlos mindestens einen Sommer lang auf der Alm ihre Freiheit genießen.

Nr. 88156 steht gerade vor der Hütte und guckt durch die offene Tür. Es beginnt schon wieder zu regnen. Ich sitze beim Morgenkaffee, es ist 8.30 Uhr. Die Rinder haben ihr Frühstück längst beendet. Jetzt, nach dem ersten Grasen, haben sie Durst. Darum stehen sie alle um den Brunnen neben der Hütte – und pflastern den Weg zu meinem Alm-Plumpsklo mit Kuhscheiße. Da werde ich mir etwas einfallen lassen müssen ...

Ich rede also mit Nr. 88156 – sie ist eines der älteren Kuhfräuleins –, wünsche ihr einen guten Morgen und spreche ihr mein Bedauern aus: „Du kannst hier leider nicht rein und auch in den Stall darfst du nicht! Ich weiß, dass du das gerne möchtest, aber du musst draußen bleiben. Du bist jetzt eine Almkuh!" Ich bedauere sie ehrlich, denn es schüttet nun wie aus Kübeln. Nr. 88156 sieht wirklich aus, als würde sie sehr gerne in die Hütte kommen. Zum Glück gibt es einen Zaun aus Holzbalken, der zumindest ein kleines Stück Veranda mit zwei Tischen vor der Hütte abgrenzt. Sonst könnte ich die Tür nicht einfach so offen stehen lassen.

Von „meine Koima" kenne ich auch die Nummern 88149, 88150 und 88151 schon recht gut. Es sind die drei Ältesten und zugleich die Erfahrensten. Sie waren im letzten Jahr schon auf der Alm, kennen die besten Plätze zum Grasen und die über das Weidegebiet verstreuten Brunnen und Wasserstellen. Aber im Moment treiben auch sie sich noch ständig in Hüttennähe herum. Heute Morgen, kurz vor sieben: Die Kälbchen sind gefüttert, versorgt und in die Freiheit entlassen. Der Stall ist gesäubert und die Stalltür steht offen, damit er auslüften und trocknen kann. Weit und breit ist kein Rind in der Nähe zu sehen. Doch als ich mich in meinem Sennerinnenkämmerchen umziehe, höre ich es verdächtig rumpeln und klingeln – und tatsächlich: Die drei sind im Kälberstall und machen sich über die Reste des Heus und der Melasse her, die die Kälbchen als Extraportion morgens bekommen.

Sonntag 5. Juli, abends:

Bei Kerzenlicht schalte ich das kleine Transistorradio an. Zufällig kommt im Bayerischen Rundfunk eine Bergsteigersendung, in der es um „Mythos und Wirklichkeit auf der Alm" geht. Wie passend! Über 20.000 Stück Vieh verbringen gerade in Oberbayern den Sommer in den Bergen, erfahre ich. 20 davon sind jetzt unter meiner Obhut! In Südtirol soll es eine Alm geben, auf der auch ein paar Yaks aus dem Himalaya grasen. Sie gehören Reinhold Messner, der nach seinen Abenteuern auf den Achttausendern der Welt in seiner Heimat nicht nur eine Burg, sondern auch einen Bergbauernhof und eine Alm erworben hat. Von der „Ruhe auf den Bergen" ist die Rede, von Gewittern, dem Alleinsein und den Gefahren. Zwischendurch erklingen alte Lieder über junge Sennerinnen, die immer schon selbstständig und selbstbewusst waren. Was ist Mythos, was ist Wirklichkeit?

Die Almzeit dauert im Schnitt 100 Tage. Bei mir sind es nur etwa 70 Tage, denn die Durhameralm ist eine Hochalm an der Nordwestseite des Wendelsteins. Hier wird erst Anfang Juli aufgetrieben, immer am Wochenende nach „Peter und Paul", das ist der 29. Juni. Und meistens ist am ersten oder zweiten Septemberwochenende schon Schluss, denn die Weide reicht nicht für länger. Darum ist auch in den alten Weiderechten festgeschrieben, dass jeder der Durhamer Bauern, die sich die Alm teilen, nur etwa 20 Stück Vieh auf die Hochalm bringen darf. Den Rest des Sommers verbringen die Tiere auf einer Niederalm, nicht weit vom Hof entfernt. Dort braucht's keine Sennerin, das Gelände ist ungefährlich, die Weide mit einem elektrischen Zaun gesichert.

Samstag, 11. Juli:

Als erstes verändern sich die Hände: Die Fingernägel sind schwarz, die Fingerkuppen schwielig, die Haut rau und aufgerissen, voller Furchen. Bauernhände. Als Kind habe ich meine Mutter wegen ihrer abgearbeiteten Hände bedauert – mich sogar manchmal geschämt für sie deswegen. Die Hände anderer Frauen sahen gepflegt und elegant aus, mit lackierten Fingernägeln manche sogar. Jetzt sehen auch meine Hände fast aus wie die meiner Mutter früher – und ich bin stolz auf mein bisschen Bäuerinnenhände.

Und: Ich rieche nach Kühen. Aber warum sollte mich das hier stören? Warum schnuppere ich jetzt ständig an mir herum, beim Frühstücken, nach dem

Waschen: Ob ich nicht doch noch nach Stall rieche? Schließlich bin ich hier auf einer Alm! Meine Aufgabe ist es, mich um die Viecher zu kümmern. Die riechen eben so, wie sie riechen. Und ich deshalb auch. Ich bin auf einem Bauernhof aufgewachsen, als Kind hat es mich doch auch nicht gestört. Habe ich es da überhaupt wahrgenommen, wenn es nach Stall roch? Es sind verschiedene Gerüche: das Heu – riecht angenehm, das Fell der Tiere – sehr intensiv und hartnäckig. Der Geruch bleibt an mir hängen, wenn ich die Kälbchen morgens striegele oder ihnen im Stall an ihrem Platz die Kette um den Hals lege. Ab und zu schlecken sie mich auch ab, an den Händen, an den Armen: wieder ein eigener Geruch. Und dann natürlich die Kuhscheiße: Sie riecht frisch eigentlich nicht unangenehm. Schlimmer ist schon die Kuhpisse, deren scharfer, stechender Ammoniakgeruch zusammen mit allen anderen Stallgerüchen den typischen Kuhstallduft ergibt.

Als Kind bin ich auf meiner Lieblingskuh geritten und habe mich von den rauen Zungen der Kälbchen gerne ablecken lassen. In viel zu großen Gummistiefeln habe ich abenteuerliche Exkursionen über den Misthaufen unternommen. Im Schweinestall versucht, den Ferkelchen Dressurkunststücke beizubringen. Im Sommer bin ich barfuß in die warmen Kuhfladen auf der Wiese getreten und habe fasziniert beobachtet, wie der grünbraune Brei zwischen den Zehen hervorquoll. Die Arbeit auf der Alm lässt die Erinnerungen an all das wieder wach werden. „Grausen tut dir ja vor nichts", war denn auch der erste Kommentar meiner Mutter, als ich ihr von meinen Sennerinnen-Plänen erzählt habe.

Bin ich so verweichlicht in der Stadt? Ich merke, wie die körperliche Arbeit die Muskeln – auch die kleinsten, bis in die Fingerspitzen – beansprucht und verändert. Dann verändert sich natürlich auch meine Einstellung zum Thema Schmutz und Sauberkeit: Die paar Flecken auf der Jeans stören nicht. Sie ist trocken und noch fast frei von Mist, sie muss noch drei oder vier Tage halten. Eine Waschmaschine gibt es hier oben natürlich nicht.

Gestern war ich im Tal, nach einer Woche Arbeit das erste Mal. Ich glaube, das werde ich nun jeden Freitagvormittag machen: duschen, Haare und Wäsche waschen, das Handy ordentlich aufladen – nicht mit diesem Ungetüm von altem Wechselstromgenerator, der nach Benzin stinkt und Lärm macht und den ich alleine kaum zum Laufen bringe. Im Tal kommt der Strom leise und sauber aus der Steckdose – zumindest sieht es so aus.

Drunten ist es, als ob die Zeit ein anderes Tempo hätte, einen anderen Takt. Was habe ich nicht alles erledigt in der kurzen Zeit! Jedenfalls erschien es mir so. Meine E-Mails gecheckt: Etwa 100 pro Woche waren es immer noch, obwohl ich allen Bescheid gesagt habe, dass ich den Sommer über nur sporadisch erreichbar bin. Nur drei Mails waren wirklich wichtig. Meine ursprüngliche Wunschvorstellung von einer Alm mit Internetverbindung und genügend Strom, um nebenbei mit dem Laptop arbeiten zu können, hat sich nicht erfüllt. Inzwischen finde ich das auch nicht mehr wichtig. Eigentlich bin ich jetzt sogar froh drum. Hier tickt die innere Uhr anders. Entschleunigung ist angesagt.

Mittwoch, 15. Juli:
Kühe sind: ... blöd ... neugierig ... raffiniert ... süß! – Es ist eine langsame Annäherung an meine Schützlinge. Ich beobachte, wie sie mir allmählich immer vertrauter werden. Süß: Kälber mit Mäulern voller Heu, eifrig mümmelnd, wenn ich sie abends in den Stall gebracht habe. Es ist Heu aus dem Almgarten vom letzten Jahr. Die Kleinen bekommen diese Extraportion Trockenfutter, weil sie mit dem Gras von der Almweide alleine noch nicht so gut zurechtkommen. Dünnschiss ist erst einmal die Regel, wenn sich die Tiere nach der winterlichen Heufütterung auf das junge, frische Gras stürzen.

Nervig: Das klatschende Geräusch, noch in der Küche aus dem Stall nebenan zu hören, wenn das Endprodukt ihrer Verdauung auf dem Stallboden landet. Morgen früh werde ich wieder sieben dreckige, verschissene Kälberärsche und -bäuche und vierzehn Hinterbeine säubern. Die erste Tat am Morgen, gleich nachdem ich ihre Futterkrippe mit Heu gefüllt habe. Denn, das ist ungeschriebenes Bauerngesetz, das weiß ich noch von meiner Mutter: Bevor die Kälbchen nach draußen dürfen, müssen sie ordentlich gestriegelt und sauber sein!

Kälber, die einen Teil ihrer Kinderstube in der guten Höhenluft auf der Alm verbringen dürfen und dabei zugleich gut versorgt und reichlich gefüttert werden, haben einen unschätzbaren Startvorteil fürs ganze Leben. Sie sind gewöhnlich robuster, gesünder und fitter und daher auch, was ihre Milchleistung später angeht, insgesamt rentabler für den Bauern. Darum bekommen sie von mir auch morgens und abends im Stall ihr „Miat" – in diesem Fall eine Mischung aus Kleie, Melasse und etwas Salz –, reichlich Heu und viele Streicheleinheiten. Jeden Morgen striegele ich sie fleißig, ganz so, wie ich es von meiner Mutter als Kind schon auf dem elterlichen Bauernhof gelernt habe.

Was ich heute auch schon gemacht habe: Den kaputten Wasserschlauch repariert. Dann die schlimmsten Löcher, die im aufgeweichten Erdboden vor der Hütte durch die Hufe der Tiere entstanden sind, einfach mit den Gummistiefeln an den Füßen geglättet. Eine Stunde Trampeln im leichten Nieselregen –

jetzt sieht der „Vorgarten" nicht mehr gar so morastig aus. Mit der Sense, die irgendwann noch einmal eine richtige „Schneid" bräuchte, habe ich ein bisschen geübt, Brennnesseln zu mähen. Und die Blütenstände des Weißen Germers geköpft, damit sie nicht aussamen. Das „Lauskraut", wie es auch heißt, ist für die Tiere giftig und sollte deshalb von den Almwiesen entfernt werden, bevor es seine Samen verstreut. Disteln zu stechen und Steine zu klauben: Auch das gehört zu den Aufgaben der „Almerer".

Sonntag, 19. Juli:
Eigentlich müsste ich jetzt abgehärtet sein für den Rest des Sommers. Schon in den ersten 14 Tagen habe ich so ziemlich alles erlebt, was auf einer Alm passieren kann: heftige Gewitter mit drückender Schwüle davor, Temperaturstürze von 30 Grad runter auf drei oder vier Grad über Null mit Schneeschauern, Dauerregen und gleichzeitig kein Wasser mehr in der Hütte und im Stall, weil die Wasserleitung von der Trinkwasserquelle weiter oben am Hang repariert werden musste. Gleichzeitig ist es so nass auf den Almwiesen, dass Mensch und Tier knietief in Schlammlöchern versinken. Was ich bisher noch nicht hatte: beständig schönes Wetter, das den Namen „Almsommer" verdient hätte.

Dann die abgestürzte Jungkuh, die an Ort und Stelle notgeschlachtet werden musste, weil sie so schwer verletzt war. Aus dem unwegsamen Gelände konnten wir sie nur mithilfe einer Seilwinde bergen. Gestern Abend war noch die Bergwacht hier. Gott sei Dank nichts Schlimmes: Ein junges Mädchen hatte sich den Knöchel verknackst. Sie war oberhalb der Hütte über die Weide gelaufen und in eines der Löcher getreten, die die Hufe der Tiere im aufgeweichten Erdboden hinterlassen haben.

In den letzten Tagen habe ich oft an meine Mutter gedacht. In ihren Erinnerungen hat sie meistens nur davon erzählt, wie schön es auf der Alm gewesen ist. Aber auch damals kann nicht immer nur die Sonne geschienen haben. Es gab kein Handy, mit dem man in Notfällen unten im Tal hätte anrufen können. Auch keinen Arzt oder Tierarzt, der schnell mal mit dem Jeep auf die Alm gekommen wäre. Wie mag sie sich gefühlt haben, als sie 1941, mit 18 Jahren, das erste Mal für fast den gesamten Viehbestand ihrer Eltern verantwortlich war? Zu der Zeit wurde ja noch fast alles Vieh im Sommer auf die Alm gebracht. Bis auf eine „Heimkuh" auch alle Milchkühe, die mit der Hand gemolken werden mussten. Die Arbeit, die sie damals zu bewältigen hatte – dagegen ist mein Sennerinnenjob ja ein Klacks!

Was ist eigentlich eine Alm?

Um gleich vorweg eines klarzustellen: Auch wenn von „Almwirtschaft" die Rede ist, eine Alm ist keine Wirtschaft! So wie ein Landwirt in der Regel ja auch kein Gastwirt ist. Gehören Sie etwa auch zu denen, die glauben, Almhütten in den Bergen seien in erster Linie als Brotzeitstationen gedacht? Für Wanderer und Touristen? Eben darum zuerst einmal dieses Kapitel.

Nach Ansicht mancher Sprachforscher leitet sich das Wort „Alm" von „Allmende" ab. Das waren freie Weideflächen, landwirtschaftlich genutzter Grund, der allen Mitgliedern eines Dorfs gemeinsam gehörte.[1] Solche Allmenden oder dörfliche Nutzungsgemeinschaften gibt es auch heute noch vereinzelt in den Alpen. Die meisten Almen in Oberbayern sind aber, meist schon über Generationen hinweg, in Privatbesitz.

„Alm" kann aber auch aus der gebeugten Form des mittelhochdeutschen *alb(e)n* hergeleitet werden. Das Wort hat seine Wurzeln im Keltischen und bedeutete ursprünglich „hoch". Die im alemannischen Sprachraum übliche Bezeichnung für eine Alm ist „Alp" oder „Alpe". Sie ist im Allgäu und in den ganzen Westalpen

Früher wurde fast der gesamte Viehbestand im Sommer auf die Alm gebracht. Das entlastete die Bauernfamilien drunten im Tal bei der Heuernte. Auf dem Foto zu sehen: Almbeginn auf der Rampoldalm, der Nachbaralm zur Lechneralm, vermutlich um 1930.

Ein solcher hölzerner Almzaun wurde als „Goaßlhaag" bezeichnet. Er markierte noch bis nach dem Zweiten Weltkrieg die Grenze zwischen Lechneralm und Rampoldalm und hier, am „Rampold-Gatterl", den Weg hinunter ins Tal.

gebräuchlich. Auch das lateinische Wort *alpis*, von dem unsere Alpen ihren Namen haben, bedeutete ursprünglich nicht „Gebirge", sondern genauer „Hochweide im Gebirge".

Almen sind also hochgelegene Weideflächen im Gebirge. Sie befinden sich in der Regel so weit vom Heimathof entfernt, dass sie mit den Tieren nicht täglich von dort aus aufgesucht werden können – daher gehört zur Almfläche normalerweise auch eine Hütte als Schutz für Mensch und Vieh. Die Hütte selbst wird im südostbayerischen Raum und in Tirol übrigens nicht als Alm bezeichnet, sondern als „Kaser".

Ein uralter Begriff, der vermutlich auf das lateinische *casa* (Haus) zurückgeht. Die Berge sind eben nicht nur ein Rückzugsgebiet für alte bayerische Bräuche und Lebensweisen. Sogar Spuren der alten Römer, die um Christi Geburt die Alpen erobert hatten, sind bis heute in der Sprache zu finden.

Die besondere Bedeutung der Almwiesen lag für die Bauern früher darin, dass sie die Futterbasis fürs Vieh erweiterten. Solange es noch kein Kraftfutter und keinen Kunstdünger gab und die Wiesen nur mit dem Mist der eigenen Kühe gedüngt werden konnten, hatte so eine Alm einen

Der Großvater des heutigen Rampold-Bauern
mit Pfeife. Rechts neben ihm eine seiner
Schwestern, das „Rampold-Medei", damals
Sennerin auf der Rampoldalm

Ein Pfarrer in den 1930er Jahren als „Sommerfrischler" auf der Rampoldalm. Ein gewöhnlicher Besuch hätte vermutlich keine Tischdecke für die Brotzeit auf der Alm bekommen ...

... Und die dazugehörige Pfarrersköchin im Sennerinnen-Kostüm

Die Rampoldalm oberhalb von Brannenburg hieß früher einmal „Bärnasch-Alm". Im Jahr 1645 wurde sie dem Rampold-Bauer von Brannenburg zugeschrieben. So erhielt sie ihren neuen Namen, ebenso wie der darüber liegende Berggipfel, die Rampold-platte.

Stolzes Almrind

22

Auf der Rampoldalm unterhalb der
Rampoldplatte, um 1930

ganz anderen wirtschaftlichen Stellenwert für die Bergbauern. Denn wenn ein Großteil des Viehbestands im Sommer auf der Alm war, konnte nicht nur das Gras von den Wiesen im Tal ganz für den winterlichen Heuvorrat genutzt werden. Das auf den Hochweiden versorgte Vieh entlastete die Bauernfamilien während der Erntezeit auch arbeitsmäßig.

Die Almflächen im Gebirge zählen zu unseren ältesten Kulturlandschaften. Sie sind durch Beweidung über Jahrhunderte hinweg entstanden – und das begann schon vor Tausenden von Jahren. Gerade in den höheren Regionen gibt es Almen, die schon weit vor Christi Geburt existierten. Archäologische Funde belegen, dass bereits die Menschen in der Bronzezeit eine rege Almwirtschaft betrieben haben. Vor allem dort, wo sie damals in den Bergen nach Erz und Salz suchten – wie etwa im Salzkammergut –, nutzten sie die freien Flächen oberhalb der Baumgrenze auch intensiv als Weiden für ihre Tiere. Archäologen haben im Dachsteingebirge die Reste von Almhütten gefunden, die mehr als 3.500 Jahre alt sind.

Die wunderbare Almenlandschaft, die wir beim Wandern als so „natürlich, wild und unverfälscht" empfinden, ist also gar nicht Natur pur. Sie ist eine kulturelle Leistung unserer Vorfahren, eine von langer Hand geschaffene Kulturlandschaft. Würden die Almen wirklich der Natur überlas-

Alte Lechneralmhütte, um 1910: So sahen die Almkaser vermutlich schon um das Jahr 1600 aus.

sen, wären die offenen Weideflächen unterhalb der Baumgrenze schnell zugewachsen. Innerhalb weniger Jahre wären vielerorts nur noch Stauden, Sträucher und Bäume zu finden, aber keine Almwiesen mehr. Unabhängig vom wirtschaftlichen Nutzen für die Almbauern ist Almwirtschaft also zugleich eine Art Landschaftspflege. Sie hält in den Bergen Lebensräume für seltene Pflanzen und Tiere offen. Viele gefährdete Pflanzenarten wie zum Beispiel Arnika oder Enzian wachsen nur hier. Auch Murmeltier und Schneehuhn sind hier zu Hause und auf die freien Almflächen als Lebensraum angewiesen.

Ohne Tiere keine Alm

Es gibt verschiedene Arten von Almen: Tal-, Hang-, Kar- oder Kessel-, Joch- und Sattel-, Kamm- und Plateau-Almen. Je nach Höhenlage lassen sich auch Niederalmen und Hochalmen unterscheiden. Niederalmen (in Bayern auch „Niederleger" genannt) finden sich bis zu einer Höhe von etwa 1.200 Meter. Sie entsprechen den „Maiensässen" oder „Unterstaffeln" in der Schweiz und werden als Viehweide im Früh- und Spätsommer genutzt. Bis Ende Juni, je nach Witterung und Graswuchs,

kommen die Tiere auf die Hochalmen, wo sie in der Regel bis in den September hinein bleiben.

Noch etwas Statistik: Rund 1.400 Almen (bzw. Alpen im Allgäu) gibt es heute noch in den bayerischen Bergen. Davon liegen 710 in Oberbayern, zwischen Watzmann und Zugspitze. Über 20.000 Rinder, etwa 2.500 Schafe und 500 Pferde genießen jedes Jahr in Oberbayern ihre Almsommerfrische. Die überwiegende Mehrheit der Rinder ist sogenanntes „Galtvieh". Viele Almen in Bayern sind – anders als in

Auf der Lechneralm: weidendes Vieh unterhalb des Lechnerköpfls

Blühender Enzian

Was ist eigentlich eine Alm?

Die Sennerin kümmert sich um die
Kälbchen, hier auf der Meilalm ...

Österreich und der Schweiz – heute reine Galtalmen, das heißt nur von Jungvieh bevölkert, das (noch) keine Milch gibt. Wer auf einer bayerischen Alm „frische Almmilch" oder „selbstgemachte Buttermilch" trinken möchte, erlebt deshalb heute oft eine Enttäuschung. Meistens gibt es, wie unten im Tal, nur Milchprodukte aus dem Supermarkt.

Weniger als ein Prozent der Almen in Bayern sind noch reine Melk- oder Senn-

almen, d.h. Almen, auf denen Käse hergestellt wird. Milchkühe auf der Alm spielen eigentlich nur noch im Allgäu eine nennenswerte Rolle. Dort gibt es einige große Sennalpen. Die heute für das Allgäu so typische Käsereitradition ist aber erst etwa 200 Jahre alt. Die Herstellung von Hartkäse wie etwa Emmentaler geht auf zugewanderte Schweizer Senner zurück – ein Trend, der ab etwa 1830 dazu führte, dass im Allgäu, ähnlich wie in der Schweiz, große, gemeinschaftlich betriebene Sennalpen entstanden.

Almen mit Schafen und Pferden findet man vor allem noch im Werdenfelser Land (Landkreis Garmisch-Partenkirchen), solche mit Stieren und Ochsen in größerer Anzahl auch noch im Chiemgau (Landkreis Traunstein). Der „Bestoß" – so lautet der almwirtschaftliche Fachbegriff für das Halten von Vieh auf den Almen – nahm in Bayern nach dem Zweiten Weltkrieg bis Anfang der 2000er Jahre stetig ab. Seither aber nimmt er wieder zu. Seit einiger Zeit ist die Nachfrage nach „Sömmerungsplätzen",

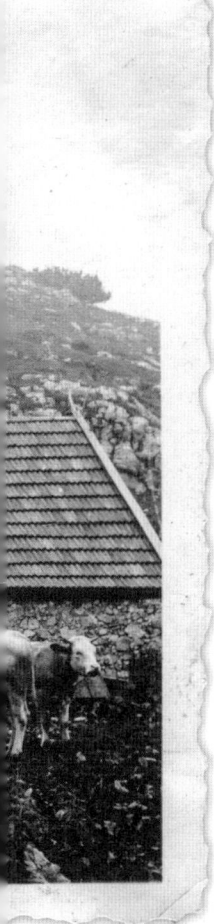

Prächtige Milchkuh auf der Soinalm im Wendelsteingebiet. Milchkühe wie diese sind auf bayerischen Almen heute selten geworden.

... die Schafe dagegen sind Sache der Hüterbuben, hier auf der Lechneralm im Jahr 1943.

also Almen, die Pensionsvieh annehmen, sogar größer als das Angebot. „Bis aus Berlin!" kommen die Anfragen, meldete das Bayerische Landwirtschaftsministerium 2009 stolz.

Das Wichtigste auf der Alm sind die Tiere. Eine Hütte in den Bergen ohne Tiere im Sommer ist keine Alm, sondern einfach eine Berghütte oder Berggastwirtschaft. Natürlich gibt es Almen, die zugleich auch Gastwirtschaften sind, mit offizieller Ausschank-Lizenz. Und damit kein Wanderer in den Bergen hungern oder gar verdurs-

ten muss, gibt es für die Almen sogar eine Ausnahmeregelung: Touristen und Wanderer dürfen mit „almüblichen Produkten" auch ohne Ausschankgenehmigung bewirtet werden. Wobei es da einige Graubereiche gibt, über die Sennerinnen und andere Almerer schon des Öfteren gestolpert sind.

Und was ist eine Sennerin?

Die Frauen, um die es in diesem Buch geht, werden dort, wo sie leben bzw. lebten, von den Einheimischen nicht „Sennerin" genannt, sondern meistens „Oimerin" (Almerin) oder in manchen Gegenden auch noch „Schwoagerin". Als „Schwoaghof" (oder „Schwaige") bezeichnete man im Mittelalter die Höfe, auf denen nur Viehzucht und Milchwirtschaft betrieben wurden. Man könnte sagen: Sennerin ist die schrift- oder hochdeutsche Bezeichnung für einen

Wichtig für Mensch und Tier:
Wasser in der Nähe der Hütten

Beim Hüten – unbekannte Almerin, von Alois Burmer um 1940 im Wendelsteingebiet aufgenommen

Sabine Unker, geb. Schwaiger, 1941 auf der Lechneralm mit ihrer Lieblingskuh „Braunaug". Das Melken und die Betreuung des Viehs war in den bayerischen Bergen immer schon überwiegend Frauensache.

typischen alpenländischen Frauenberuf. Oder mit den Worten von Michael Hinterstoißer, dem Geschäftsführer des Almwirtschaftlichen Vereins Oberbayern: „Sennerin wurden früher die Frauen genannt, die auf der Alm gemolken und die Milch verarbeitet haben. Die Sennerin war fürs Vieh verantwortlich, butterte und käste. Das war ein traditionell typischer Frauenberuf. Daneben gibt es die Begriffe Oimerin oder Schwoagerin, die regional statt Sennerin verwendet werden", erklärte er mir auf meine Nachfrage.

Männer auf der Alp – Frauen auf der Alm

Alm oder Alp? Während im östlichen Alpenraum sowie in Tirol und Südtirol der Begriff Alm üblich ist, kennt man im Allgäu, in Vorarlberg und in der Schweiz – also im gesamten alemannischen Sprachgebiet – nur die Alp oder Alpe.

In der Schweiz war die Alp über Jahrhunderte hinweg immer schon überwiegend in Männerhand und auch das Kühemelken eine Arbeit, die vor allem von Männern erledigt wurde. Der Schweizer Historiker Jon Mathieu zitiert in seiner Geschichte über die Kulturlandschaft der Alpen von den Anfängen ihrer Besiedelung bis in die Gegenwart dazu keinen Geringeren als Martin Luther. Der soll in einer Tischrede um 1530 gesagt haben: „Die Schweizer sind sehr kräftig, aber weil sie in den Alpen wohnen, haben sie keine Äcker, sondern nur Wiesen. Folglich melken und käsen die Männer in Friedenszeiten."[2] Dieses Zitat kann man auch als Hinweis darauf verstehen, dass das Melken und die Milchverarbeitung in Deutschland und anderswo damals Frauensache gewesen sind.

Wie aber kam es zu diesem Unterschied? In den Zentral- und Westalpen herrschten überwiegend kleinbäuerliche Strukturen. Dort konnte man sich die strenge Unterteilung in „Männer-" und „Frauenarbeiten" oft gar nicht leisten. Frauen mussten auch körperlich schwer arbeiten, wenn Not am Mann war. Und Männer erledigten umgekehrt eben auch typische Frauenarbeiten wie das Melken. In den Ostalpen dagegen gab es auch größere Bauernhöfe, mit vielen Knechten und Mägden. Ein wohl extremer Fall ist der eines Pinzgauer „Bauernkönigs", der im Jahr 1798 auf seinem Hof nicht weniger als 43 Knechte und Mägde in Dienst hatte. Die angestellten Knechte und Mägde bekamen auf solchen gesindereichen Höfen meist ganz spezielle Tätigkeitsbereiche zugewiesen.

Die Aufgabenverteilung bedingte die soziale Rangordnung. Nicht nur zwischen Bauern und Dienstboten herrschte eine strenge Hierarchie, auch bei den Knechten und Mägden untereinander gab es Standesunterschiede. Der „Erste Knecht" auf dem Hof war der Vertreter des Bauern und konnte den anderen Knechten Arbeiten anschaffen. Und ob einer „Hüterbub" oder „Roßknecht" war, das machte schon einen Unterschied.

Bei den Mägden gab es die „Großdirn" und die „Saudirn", die „Kuchldirn" und die „Kindsdirn", manchmal auch eine „Erste Stalldirn" und „Mitgeherinnen", die sich die Melkarbeit teilten. Und eben die „Sennerin". Sie hatte eine besondere Stellung inne, weil sie den Sommer über die ganze Verantwortung fürs Vieh trug. Aber auch ihr abgelegener Arbeitsplatz, an dem sie selbstbestimmt und beinahe autark wirken konnte, sorgte für ihren außerordentlichen Stand. Obwohl unter den Sennerinnen immer schon alle Alterskategorien vertreten waren, hat die Romantik des 19. Jahrhunderts nur die jungen zur Kenntnis genommen und sie zur Projektionsfläche der meist männlichen Beobachter für Freiheit und Erotik werden lassen.

Dienstboten konnten es sich oft nicht leisten, einen eigenen Hausstand zu gründen und zu heiraten. Das erklärt auch die im Ostalpenraum früher weit verbreiteten nichtehelichen Geburten, trotz streng katholischer Gläubigkeit der Menschen. So kamen im 19. Jahrhundert in einigen

Gebieten bis zu zwei Drittel der Kinder nichtehelich zur Welt. Die katholische Kirche mit ihrer Moral erwies sich in diesem Fall als machtlos.

Der Älpler, ein Schweizer Nationalmythos

In der Schweiz waren die großen Gemeinschafts- und Genossenschaftsalpen fest in Männerhand. Frauen auf der Alp bringen nur Unglück, hieß es lange. Sogar bis in die zweite Hälfte des 20. Jahrhunderts hinein gab es auf den Schweizer Alphütten so gut wie keine Frauen. Warum blieb ausgerechnet in der Schweiz das Melken und Käsen – also etwas, das in anderen Teilen der Alpen immer eine Frauendomäne war – so lange ein reiner Männerberuf? Um das zu verstehen, muss man auch die spezifische wirtschaftliche Situation des Landes über die Jahrhunderte hinweg betrachten. Schon im Verlauf des 14. Jahrhunderts verschob sich die landwirtschaftliche Produktion in einigen Gebieten der Schweiz in Richtung Viehzucht und Grasanbau, weil sich nichts anderes wirklich rentierte. Auch wenn sich die Schweizer Bauern damit dem Spott ausgesetzt sahen, dass sie mit dem Kühemelken und dem Verarbeiten der Milch Frauenarbeit verrichteten – oder vielleicht gerade deswegen? –, entwickelten sie einen ganz eigenen Berufsstolz.

Die Schweizer merkten: Mit Käselaiben lässt sich Geld verdienen – und je größer diese sind, umso mehr. Während ein Laib Emmentaler im 17. Jahrhundert noch zwischen 20 und 30 Kilogramm schwer war, wog er gegen Ende des 19. Jahrhunderts schon 60 bis 130 Kilogramm. „Das Käsen wird auch zum physisch anspruchsvollen Geschäft, und damit scheint der Senn, der Älpler mit seiner urwüchsigen Natürlichkeit, seiner ‚natürlichen Kriegstüchtigkeit'

Die Sennerin gehört zu Bayern wie der Älpler
zur Schweiz. Blick vom „Kranza" oberhalb von
Brannenburg ins Inntal

prädestiniert dafür, zur Idealfigur des Schweizer Nationalmythos zu werden", so schreibt der Schweizer Volkskundler Markus Schütz in der „Zeitschrift für Älplerinnen und Älpler" (Zalp).[3] Und das Wort „Schweizer" wurde im angrenzenden Österreich und in Bayern zum Synonym für einen männlichen Melker.

Erst in den 70er Jahren des 20. Jahrhunderts zogen mit den „neuen Älplern", den Aussteigern aus dem Schweizer Unterland und den Älpler-Gastarbeitern aus Deutschland und Südtirol, auch Frauen auf den Schweizer Alphütten ein. Die Schweizer Bauern begegneten ihnen wohl zunächst mit Misstrauen. Inzwischen aber sind Frauen auf der Alp allgemein anerkannt. Selbst eine reine Frauenalp ist auch in der Schweiz nichts Ungewöhnliches mehr.

Frauen als Hüterinnen alpiner Traditionen

Im Frauenmuseum Hittisau in Vorarlberg war in den Jahren 2015/16 eine Ausstellung zur Geschichte der Frauen im alpinen Raum zu sehen, in der das Thema „Frauen und Berg" umfassend dokumentiert wurde. Sie lenkte den Blick neben bekannten und berühmten Bergsteigerinnen und Alpinistinnen auch auf jene Frauen, die immer schon in den Bergen gelebt und gearbeitet haben: Bergbäuerinnen, Sennerinnen, Hirtinnen, Trägerinnen, Schmugglerinnen, Hüttenwirtinnen.

Auch für den früheren Extrembergsteiger Reinhold Messner sind es vor allem die Frauen, die in Bergregionen die Techniken traditioneller Wirtschaftszweige wie die Nomaden-Viehzucht, das Sammeln und Verarbeiten von Arzneipflanzen und das Gastgewerbe über die Zeit gerettet haben. In einem von ihm herausgegebenen Bildband über die „Bergvölker der Welt" preist

er die Frauen als „das dynamische Element der alpinen Wirtschaft" und „Hoffnungsträger und Retter vieler Berggebiete". Man müsse ihnen nur die Möglichkeit geben, sich zu organisieren und „aus ihrer tausendjährigen Erfahrung im engen Kontakt mit der Natur das Beste zu machen".[4]

Alm und Frau? Auf meine Frage bestätigt mir Michael Hinterstoißer, Geschäftsführer des Almwirtschaftlichen Vereins Oberbayern, dass beides miteinander zu tun hat: „Die oberbayerische Almwirt-

Auf den Bergen konnten die Frauen wirtschaften, ohne dass ihnen jemand dreinredete.
Elisabeth Müllauer im Sommer 1947 mit Almkuh „Burgi"

schaft hat den Frauen viel zu verdanken. Sie haben die Almen gepflegt, sich gekümmert und sie erhalten. Früher hatten die Sennerinnen eine andere soziale Stellung und ein anderes Selbstbewusstsein als die einfachen Dienstmägde auf den Höfen. Oft war es auch eine der Schwestern oder eine Tochter des Bauern, die die Stelle als Sennerin auf der Alm einnahm. Sie konnte dort oben wirtschaften, ohne dass ihr der Bauer viel dreinredete. Sie waren freie Menschen – Alm macht frei, heißt es."

Ein Grund für diesen traditionell typischen Frauenberuf war jedoch auch: Frauen waren in der Regel die billigeren Arbeitskräfte, und die Männer wurden für die schwereren körperlichen Arbeiten wie die Getreide- und Heuernte unten im Tal gebraucht.

Sennerinnenverbote und Sennerinnen-„Wappeln"

Frauen stellten früher in den Ostalpen bis zu 80 Prozent des auf den Almen beschäftigten Personals. Natürlich waren es schlecht entlohnte und mit viel körperlicher Arbeit verbundene Saison-Arbeitsstellen, die sie dort fanden. Doch die Alm erwies sich für die Frauen auch als eine seltene Form von Freiheit. Dort oben konnten sie sich ihren Tagesablauf selbst einteilen, waren keiner direkten Kontrolle durch Familie und Dorfgemeinschaft unterworfen. Die Alm war ein Freiraum und neben dem Kloster eine der wenigen Möglichkeiten, um sich als Frau auf dem Land männlicher Vorherrschaft und Überwachung zu entziehen.

Und nicht zuletzt hat sich dieses Gefühl der Freiheit auch auf die sozialen Kontakte und Liebesbeziehungen auf den Almen ausgewirkt. Kein Wunder, dass sich angesichts der weit verbreiteten Anstellung unverheirateter Frauen bald eine allgemeine „moralische Besorgnis" bei der weltlichen und geistlichen Herrschaft einstellte. Weitab vom Hof, fern jeder Aufsicht sah man die Tugend der Frauen und damit die gesamte soziale Ordnung der kleinen bäuerlichen Gemeinschaften in Gefahr!

Alleinstehende, unbeaufsichtigte Frauen: Das musste natürlich Argwohn erregen bei denen, die sich als die Hüter von Moral und Ordnung verstanden. Der katholischen Kirche und den geistlichen Grundherren war es ein Dorn im Auge, wenn unverheiratete junge Mägde und Bauerntöchter auf den Almen arbeiteten. 1734 schritt der Erzbischof von Salzburg dann zur Tat und verhängte das erste offizielle „Sennerinnenverbot", das „ledigen Weibspersonen" die Arbeit auf den Almen untersagte.

Die Salzburger Fürstbischöfe waren sowohl geistliche wie weltliche Herrscher eines Territorialfürstentums, das als Erzstift oder Hochstift Salzburg bezeichnet wurde. Es bestand bis zur Säkularisation 1802/03 und erstreckte sich auch auf große Teile Tirols und Südostbayerns. Für die Rigorosität der Salzburger Stiftsherren steht einer der letzten Hexenprozesse im deutschsprachigen Raum: Die erst 16-jährige Dienstmagd Maria Pauer aus Mühldorf am Inn wurde am 27. Januar 1750 wegen Hexerei festgenommen und noch im selben Jahr als letzte Hexe in Salzburg hingerichtet.[5]

Im Jahr 1756 erließ der Erzbischof von Salzburg erneut ein Sennerinnenverbot. Auf den Almen im Pinzgau und im Zillertal sollten keine unverheirateten Frauen mehr beschäftigt werden dürfen. Solche Verbote sprach die katholische Kirche im 18. Jahrhundert fast überall, vor allem im Tiroler Raum, aus. Hartnäckig wurde so versucht, ledigen Frauen das Arbeiten auf den Almen zu verbieten, mit mehr oder minder großem Erfolg. Dabei waren die Strafen bei Nichtbeachtung nicht von schlechten Eltern: Wenn eine Übertretung des Verbots festgestellt wurde, hatte der Eigentümer der Alm 100 Taler Strafe zu zahlen und die „ledige Weibsperson", die unerlaubt als Sennerin gearbeitet hatte, wurde mit Zuchthaus bestraft.

Allen Verboten und Strafen zum Trotz kam die Geistlichkeit nicht wirklich gegen die Sennerinnen und ihre freizügige Lebensweise an. Die Erlasse wurden von der Landbevölkerung in den abgelegenen Berggebieten einfach nicht beachtet. Das war wohl der Grund dafür, dass man die strikten Verbote 1767 lockerte: Nun mussten sich die Sennerinnen im Frühjahr die schriftliche Bescheinigung eines Geistlichen ausstellen lassen, die bezeugte, dass sie moralisch für den „Almendienst" geeignet waren. Diese Bestimmung war noch im ausgehenden 18. Jahrhundert gang und gäbe. Die Prozedur wurde im Volksmund als „Sennerinnen-Wappeln" bezeichnet. Das Wort „wappeln" bedeutet hier „stempeln" oder „genehmigen". Eine „g'wappelte Sennerin" war also eine, die ein Führungszeugnis von der geistlichen Obrigkeit ihr Eigen nannte, das ihr Unbescholtenheit und einen guten Ruf bescheinigte. Die „Wapplung" war Voraussetzung, um als Sennerin arbeiten zu dürfen.

„G'wappelt sein" heißt im Bayerischen aber auch so viel wie „raffiniert, mit allen Wassern gewaschen sein". Beim Versuch, der sittlichen Kontrolle zu entgehen, wussten sich die Sennerinnen-Anwärterinnen durchaus zu helfen, wie z. B. aus den „Naturhistorischen Briefen über Salzburg" von 1785 ersichtlich wird. Darin berichtet Carl Erenbert Freiherr von Moll, dessen Vater Pfleger des Salzburger Erzbischofs im Zillertal war, über das Problem der „Weibsbilder" auf den Almhütten und klagt:

Aber so wie wohl kein Gesetz ist, das die gottlosen Menschen hienieden nicht auf irgendeine Art zu hintergehen wüßten, so gieng's auch mit dieser Sendinnen-Wapplung. Eine dunkelbraune, runzlichte, abgewelkte Fee erhielt manchmal den Schein, und ein hurtiges, rosenrothes Mädchen zog auf die Alpe.

Junge, ledige Frauen allein auf der Alm …

Die Ursachen, die man zum Vortheile der Sendinnen für den Melker vorschützt, sind diese: Die Sendinnen sollen die Geschirre, die zur Käserei dienen, ungleich reinlicher halten, als die Melker, und sollen dabei bey weitem nicht so kostspielig seyn, als diese.[6]

Wia muaß a g'wappelte Sennerin sei?

Georg Jäger, Autor von „Fernerluft und Kaaswasser", zitiert einen Spottvers, der zeigt, wie sich das Volk über das Sennerinnen-Wappeln lustig machte:

... sie waren für die geistliche wie die weltliche Obrigkeit früher ein Stein des Anstoßes.

Wia muaß a g'wappelte Sennerin sei?
Recht fleißig in d'Kirchen gehn und zum
Pfarrer hinspringa,
lustige Gsangln koane mehr singa,
als Brustfleck a Trumm Skapulier,
an Weichbrunnkessl bei ihra Tür,
die Bruderschaftszettel all vorn-unt,
schimpfen: die Buam und da Luther san Hund,
an Rosenkranz um die Händ umandum
und sich stell'n recht fleißig und frumm,
zum Pfarrer recht schmierig und fein,
ja so muaß a g'wappelte Sennerin sein.[7]

Im Chiemgau unternahm noch Mitte des 19. Jahrhunderts nicht die Kirche, sondern die königliche Regierung einen Versuch, die Anstellung lediger Frauen auf den Almen zu unterbinden. Das geht aus alten Quellen hervor, die der Heimatforscher Rupert Wörndl im Archiv der Pfarrge-meinde Aschau gefunden hat: 1843 wurde das Pfarramt Niederaschau über das Herr-schaftsgericht Hohenaschau mit Sitz in Prien gebeten zu prüfen, ob sich im Pfarr-bezirk ohne „allzu lästigen Eingriff in die ökonomischen Verhältnisse der Alpen-besitzer der Gebrauch abstellen ließe, dass die Aufsicht auf das die Hochalpen beziehende Vieh unverheiratheten und zumeist jungen Mädchen anvertraut werde, welche bey diesem mehrere Monate andauerndem einsamen Leben wegen Mangels eines beaufsichtigenden Schutzes der Versuchung bloßgestellt sind".[8] Weiter hieß es, es liege ja wohl im Interesse des Pfarramtes, der Unsittlichkeit keinen gedeihlichen Boden zu bereiten. Die offen-sichtliche Alternative – junge Burschen als Senner auf den Almen – erschien dem Schreiber aber auch problematisch, da

„diese bey der zu wenigen Beschäftigung und zu reitzenden Gelegenheit sich nur zu leicht dem Wildern ergeben würden, welches die Moralität ebenso, wenn nicht ärger untergräbt, und Taugenichtse, Diebe und Mörder bildet".[9]

Der damalige Aschauer Pfarrer Joseph Waxenberger scheint die Sache pragmatisch gesehen zu haben. Er konnte seine Schäflein wohl realistisch einschätzen. Jedenfalls antwortete er, dass seiner Meinung nach „die Tendenz der kgl. Regierung allerdings von hoher Wichtigkeit ist, aber leider stehen die Alpenverhältnisse der hiesigen Vorgebürge gegen jene (in der Schweiz und in Tirol) in entferntesten Verhältnissen".[10] Die Güter seien meist nicht groß genug, dass sich männliche Senner rentieren würden, außerdem würden diese traditionell für andere Arbeiten eingespannt.

Daraufhin lief kurze Zeit später im Pfarramt ein Schreiben des Herrschaftsgerichts mit folgendem Inhalt ein: Das von der Regierung nach wie vor beabsichtigte „Verboth der Verwendung von Frauenzimmern zur Alpenwirthschaft" werde zur Zeit noch für unausführbar erklärt. Man beschränkte sich darauf, den Wunsch auszusprechen, dass wenigstens die ganz jungen unverheirateten Mädchen nicht zur Almarbeit herangezogen werden sollten.

Kritik erhielt das Sennerinnenverbot auch aus ortsfremder Feder: Der französische Naturforscher Belsazar Hacquet, der in den Jahren 1784 bis 1786 unter anderem auch die Tiroler Berge erkundete, konnte der Verordnung nichts abgewinnen:

Hier im Zillerthale hat man beynahe das schöne Geschlecht von den Alpen verbannet, indem man in die Alpenhütten, wo Käse und *Butter gemacht werden, nur Mannsbilder nimmt, um alle Zusammenkunft des Menschengeschlechts nach heuchlerischer Besorgnis zu verhüten, welches doch der Natur der Sache so gemäß wäre.*[11]

Auch heute noch sind im Zillertal sehr viel mehr männliche Senner auf den Almen anzutreffen als in anderen Tälern ringsum. Insgesamt aber gilt sowohl für die Tiroler wie für die bayerischen Almen: Trotz aller Bemühungen war es der weltlichen und geistlichen Obrigkeit nicht gelungen, die Frauen von den Almhütten zu vertreiben. Sich „benedizieren" lassen vom Pfarrer, bevor sie auf die Alm zogen, das mussten aber alle jungen, ledigen Sennerinnen, gleich ob in Bayern oder in Tirol. Und vor und nach der Almzeit – und möglichst auch noch einmal zwischendurch – zur Beichte zu gehen, das gehörte einfach dazu. Auch für meine Mutter war das, als sie in den 1940er Jahren Almerin war, noch selbstverständlich.

Die Sache mit der Sünd'

Über das Liebesleben auf der Alm ist immer schon viel geschrieben und gesungen worden. Und der Spruch „Auf der Alm da gibt's koa Sünd" ist vermutlich der meistzitierte Satz in diesem Zusammenhang. Aber wie ist er eigentlich gemeint? Und woher stammt er?

In einem Buch über die Tiroler Almen vertritt die Autorin Eva Lechner die Meinung, der Spruch stamme noch aus früheren Zeiten, in denen sich ausschließlich Frauen auf den Almen aufhalten durften. Nur Knaben bis zum 14. Lebensjahr, bis zur Geschlechtsreife also, hätten dort mitarbeiten dürfen. Und alle Almprodukte wie Butter und Käse seien bis zum Almzaun gebracht und erst am Almgatter männlichen Trägern übergeben worden. Wo genau es allerdings in den Tiroler Bergen so streng hergegangen sein soll, darüber gibt Eva Lechner keine Auskunft. Für die bayerischen Almen jedenfalls existieren keine Hinweise darauf, dass es ein solch sittenstrenges Männer-Betretungsverbot jemals gegeben hätte. Der Spruch „Auf der Alm da gibt's koa Sünd" drückt nach allgemeinem Verständnis eher das Gegenteil aus: die Freizügigkeit, die man sich nur dort oben erlauben konnte. Denn dort bekam es keiner so leicht mit wie unten auf dem Hof, wenn die Sennerin nächtlichen Besuch bekam.

Problematisch wurde es erst, wenn die Sennerin der Freizügigkeit den Vorzug gegenüber der eigentlichen Arbeit gab. Das zeigt ein Gerichtsprotokoll von 1610 über den Fall der Aschauer Viehdirn Anna Zellerin. Diese war vor Gericht gestellt worden, weil sie „zu Alben sich gar ärgerlich und leichtfertig erzeigt und verhalten, die jungen Burschen zu ihr gezielt, dem Vieh nicht fleißig gewahrt noch darauf Acht geben, sondern ihrem Heimgarten und Tänzen, welche sie auch gar bei den Käsern angestellt hat, nachgelaufen, daraus nicht kleiner Schaden an dem Vieh, auch Milch und Schmalz erfolgt".[12] Zur Strafe musste sie sich an einem Sonntag vor der Aschauer Kirche „in den Brecher schlagen" lassen, ein Holzgestell, in das man Kopf und Hände einspannte.

Wurde eine junge Bauerntochter ungewollt schwanger, musste sie möglichst schnell heiraten. Dann war die Ordnung wiederhergestellt. Für eine Dienstmagd war die Sache nicht ganz so einfach. Als Sennerin durfte sie ihr lediges Kind, solange es klein war, meist nicht mit auf die Alm nehmen, sondern musste es in Pflege geben. Entweder ließ sie es bei dem Bauern, bei dem sie in Dienst war, oder bei Verwandten. Eine Sennerin, die schon wenige Tage nach der Geburt ihres Kindes wieder „z'Alm fahren" musste, erzählte dazu: „Wir haben keine andere Sennerin gehabt, die auf die Alm gefahren ist. Deshalb hat gleich die Godl, die Taufpatin, das Kind über den Sommer genommen. Sie hat es zur Taufe getragen und von dort gleich mitgenommen. Erst Ende September habe ich das Kind wieder bekommen. Das war nicht leicht für mich."[13]

„Fensterln" am Sennerinnenkammerl: Mit solchen Klischees spielten Almbesucher auch früher schon, zumindest für den Fotografen.

Die Ballade „Alpenunschuld"

Im Jahr 1841 erschien das Gedicht „Alpenunschuld" von Johann Nepomuk Vogl (1802 – 1866). Die Ballade des heute weitgehend vergessenen Wiener Dichters wurde mehrfach vertont. Im 19. Jahrhundert wurde sie so zu einer sehr populären volkstümlichen Weise. Drei der sieben Strophen des Gedichts enden mit der berühmt-berüchtigten Refrainzeile „Auf der Alm, da gibt's kan Sünd".

1. Von der Alpe ragt ein Haus
Schlicht und arm ins Tal hinaus,
Drinnen haust mit munterm Sinn
Eine junge Sennerin.

2. Sennerin ist frisch und rot,
Weiß von Kummer nichts und Not,
Hat ein Herz von Liebe heiß,
Wie ich mir kein zweites weiß.

3. Sennerin singt manch ein Lied,
Wenn ums Tal der Nebel zieht,
Horch, dann schallt's durch Duft und Wind:
„Auf da Oalm da gibts kan Sünd!"

4. Als ich einst auf schroffem Pfad
Jenem Paradies genaht,
Trat sie flink zu mir heraus,
Bot zur Herberg mir ihr Haus.

5. Frug nicht lang, was ich hantier,
Setzte traulich sich zu mir,
Sang so lieblich dann und lind:
»Auf da Oalm da gibts kan Sünd!"

6. Als ich drauf am Morgen schied,
Trug mit mir ichs unbewußt.
Und zugleich mit Schmerz und Lust
Hört ich ferne noch dies Lied

7. Und wo ich seitdem auch bin,
Schwebt vor mir die Sennerin
Und es ruft: Kehr um geschwind,
„Auf da Oalm nur gibts kan Sünd!"[14]

In Vogls Ballade vermuten viele den Ursprung des Spruchs über die sündenfreien Almen. Vielleicht war er aber auch schon vorher gebräuchlich? Kam in der Zeit auf, als Kirche und Staat versuchten, die „Unmoral" auf den Almen durch Sennerinnenverbote zu unterbinden? Vielleicht hat Vogl in seiner Ballade nur auf eine bereits populäre Redewendung zurückgegriffen? Nichts Genaues weiß man nicht. Auf jeden Fall wird der Spruch immer noch gerne verwendet und gehört zu den gängigen Sennerinnen- und Almklischees.

Ganz ohne Sünd' dürfte es bei den beiden nicht zugegangen sein.

Das Klischee der „Schönen Sennerin"

Wir ahnen es, besonders beim Spruch über die angeblich sündenlosen Almen: Kaum ein anderes weibliches Berufsbild dürfte dermaßen von Mythen und Klischees umwölkt sein, wie das der Sennerin. Wunsch und Wirklichkeit verschwimmen in den meist von Männern stammenden Sennerinnen-Beschreibungen. Ob das mit einer gewissen „sexuellen Konnotation" dieses Frauenberufs zu tun hat? Das Euter der Kuh ist, wie der Busen der sie melkenden Sennerin, schließlich ein „sekundäres Geschlechtsmerkmal". Oder liegt es doch an der Unzugänglichkeit und Entrücktheit ihres Wirkungsorts? Dort weit, weit oben, auf schwer zugänglichen Bergeshöhen? Vermutlich spielt beides eine Rolle – wie auch eine Tendenz zur romantischen Verklärung des naturnahen Lebens in den Bergen, die eine lange Tradition hat.

Die meisten Menschen sahen in den Alpen früher eine unwirtliche, gefährliche Region. Ein angsteinflößendes Hindernis, das man auf dem Weg in den Süden möglichst schnell über alte Handelswege und Pässe überwinden wollte. Und die Menschen, die dort lebten, galten bei den „gebildeten" Städtern als rückständig, primitiv und unzivilisiert. Die ersten, die diese „Gebirgswildnis" freiwillig erkundeten, waren Naturforscher – Botaniker, Geologen – und Volkskundler. Bald folgten ihnen auch Maler und Schriftsteller. Vor allem Friedrich Wilhelm Doppelmayr (1776 – 1845) verdanken wir sehr detailgetreue, anschauliche Darstellungen des Almlebens aus der Zeit um 1800. Von Klischees kann bei seinen Zeichnungen keine Rede sein.

Als die Landschaftsmaler Anfang des 19. Jahrhunderts die Berge für sich ent-

Im 19. Jahrhundert war das Dorf Brannenburg Treffpunkt einer kleinen Künstlerkolonie um die Landschaftsmaler der Münchner Schule. Maler wie Carl Spitzweg, Christian Mali und Anton Braith waren öfter auch auf den Almen in der Gegend unterwegs.

deckten, wurden Almhütten mit Sennerinnen davor zu einem gern verwendeten Motiv. Auch Carl Spitzweg (1808 –1885) war öfter in den Bergen um Brannenburg unterwegs. Von ihm gibt es Bilder wie „Gebirgslandschaft mit Sennerin im Wendelsteingebiet" und „Dirndln auf der Alm".

Lorenz von Westenrieders Besteigung des Wendelsteins

Eine der ersten ausführlichen schriftlichen Aufzeichnungen einer Begegnung mit bayerischen Sennerinnen stammt von dem Münchner Historiker Lorenz von Westenrieder (1748 –1829). Er bestieg 1780 mit Gefährten und zwei einheimischen Bergführern, vom Brannenburger

Schloss ausgehend, den Wendelstein. Auf halbem Wege wurde er von Sennerinnen in ihre Hütte eingeladen. Um welche Alm es sich dabei handelte, ist nicht bekannt. Der Beschreibung der Gegend nach könnte er aber auf der Reindlalm gerastet haben, die auch von Friedrich Wilhelm Doppelmayr gezeichnet worden ist:

Wir gingen nun beinahe auf lauter Felsengrund mehr als zwei Stunden immer himmelan. So kamen wir ungefähr um die Mittagszeit an eine Hütte, wahrscheinlich die höchste in dieser Gegend, die von zwei bis drei sogenannten Almerinnen bewohnt ist. Wir hatten uns eingebildet, stumme, plumpe, schüchterne Statuen zu finden, und nicht im Traum hätte ich mir eine Vorstellung gemacht von dem biedern, ganz ungezwungenen Wesen, womit wir empfangen und sogleich bewirtet wurden und von dem wahrhaft naiven Witz, womit sie uns Antwort gaben. Ich habe seit vielen Jahren nicht mehr so gelacht noch mir auf solche Fröhlichkeit des Kindersinns in meinem Leben nochmals Hoffnung gemacht. Sie antworteten auf ein Wort von uns immer zehn, so lebhaft, unerschrocken und aufgeräumt, als lebten sie immer in der zahlreichsten Gesellschaft, und was vor allem wohlgefiel: es entfuhr ihnen bei ihren Einfällen, die sie mein einer Eilfertigkeit, daß man kaum zur Besinnung kam, herausstürzten, kein zu freies, zweideutiges oder ungezogenes Wort.

Hier wurden wir ordentlich traktiert, das heißt, wir saßen auf einer hölzernen Bank um den Herd, auf dem gekocht wurde. Nach dem Essen führten sie uns, gleichsam als wollten sie uns nun ihre Schätze zeigen, auf eine weitere Anhöhe und beschrieben uns im Gehen die Gräser und Kräuter, die in dieser Gegend hervorkommen. Unter diesen Gesprächen kamen wir auf den äußersten
Rand des Hügels, von dem wir in ein weites Tal hinabsahen, wo, von weidenden Herden umgeben, etliche Hütten lagen. Unsere Begleiterinnen fingen an ein Lied zu singen, und aus den Hütten traten einige Tüpfelchen, die gleichfalls zu uns herauf jauchzten und sangen. Ich kann nicht sagen, was das für mich war. Die Kunst hat nicht solches. Es ist nur hier und kann nicht anderswo sein.[15]

Solche Berichte weckten das Interesse an den Alpen und den dort lebenden Menschen auch in weiten Kreisen der Bevölkerung. Im Zuge der Naturschwärmerei, wie sie in der Romantik und Biedermeierzeit in Mode kam, wurde das „Gebirgsvolk" nun beinahe exotisch verklärt. In Reiseberichten aus den Alpen, wie sie etwa Ludwig Steub (1812–1888) verfasste, klingt die romantische Sehnsucht nach einem einfachen, naturverbundenen Leben an.

Was für den französischen Philosophen Jean Jacques Rousseau der „Edle Wilde" war, das sahen die gehobenen Schichten Bayerns in der „Schönen Sennerin". Auch bei den frühen Volkskundlern wie Joseph Friedrich Lentner (1814–1852) ist eine gewisse Sentimentalisierung des Almlebens nicht zu verkennen. „Der fremde beobachtende Blick der Forscher und Reisechronisten fiel auf die Sennerinnen, als seien sie Eingeborene einer frisch entdeckten Südseeinsel",[16] heißt es im Katalog zur österreichischen Ausstellung „Auf der Alm" aus dem Jahr 2004. Treffender kann man es nicht formulieren.

Populär in allen Bevölkerungsschichten wurde das „Hochland im Gebirge" mit der „Fußwanderung" des bayerischen Königs Maximilian II. im Sommer 1858 durch die bayerischen Alpen. Von einem seiner Begleiter, Friedrich von Bodenstedt, gibt es eine Schilderung des königlichen Besuchs

Der Wendelstein. Im Sommer 1858 bestieg ihn der bayerische König Maximilian II. samt Gefolgschaft.

auf dem Wendelstein am 14. Juli. Darin berichtet er über zwei hübsche einheimische „Dirndln", die dem König, hinter Felsen versteckt, während seines Aufstiegs das Wendelsteinlied vorsangen. Anschließend durften sie beim königlichen Mahl auf der Alm Champagner mit ihm trinken.

Ludwig Steubs „Poesie des Almenlebens"

Mit dem Bau der Eisenbahn wurden die Berge endgültig „fashionabel", wie Ludwig Steub missbilligend schrieb. 1858 wurde die Strecke von München über Rosenheim durchs Inntal nach Kufstein fertiggestellt. In diese Zeit fallen auch die Schilderungen Steubs, den man als den ersten „Alpinschriftsteller" bezeichnen könnte. Mit seinen Reiseschilderungen gilt Steub als literarischer Entdecker der Alpen. Durch seine Bücher wurde die Sommerfrische zu einem Begriff in ganz Deutschland. Die Sommerfrischler brachten den ersten Tourismusschub in die bayerischen Alpen. Steubs romantische Ergüsse über die „Poesie des Almenlebens" freilich sind Dichtkunst pur und so klischeehaft, dass man noch heute darüber lächeln muss:

Die Almerinnen führen fast ein Leben wie die Elfen, streifen in der Frühe mit leichten Sohlen über die tauigen Alpenkräuter, verschwinden

45

im Morgennebel, singen aus dem Felsgestein, daß man nicht weiß, von wann es kommt und schallt, trinken nur Milch und Wasser und schlummern im Heu, das sie kaum eindrücken. Das Almenleben hat so viel eingeborene Poesie, daß selbst die Tausende von Schnaderhüpfeln und die schönsten Lieder vom Berge sowie die süßinnigsten Zithermelodien diesen tiefen und wahren Zauberbrunnen nicht ganz ausschöpfen.[17]

Eine genaue Beschreibung der elfenhaften bayerischen Sennerinnen, von den aus heutiger Sicht eher unappetitlichen, weil mit Schmutz bedeckten Füßen bis zum sauber gewaschenen Gesicht und den blondgelockten Haaren, folgt:

Die Sennerin ist an Werktagen voller Schmutz, welcher sich jedoch kegelförmig verjüngt. Während nämlich die Füße von der Begehung des Trets sich in einem Überschuh von idyllischem Alpenkot züchtig verhüllen und so jedes Urteil über Größe oder Kleinheit trüglich machen, so nimmt die Reinlichkeit nach oben immer zu, über Mieder und Rock, und das Gesicht wird des Tages sogar mehrere Male gewaschen. Nicht selten sind ein paar schöne blaue Augen darin und etwas erlaubte rotbackige Schalkheit, um welche sich blonde Haare ringeln. Eine halbe Stunde Rast hat da noch wenige Junggesellen gereut.

Seltsam klang aber die Antwort, als man sich diesmal nach der Liebe erkundigte: Selbe sei hierorts ganz abgeschafft! Als man sich auf einige Almlieder bezog, welche die Sache in einem anderen Licht darzustellen scheinen, entgegneten die Almerinnen, das sei Poesie und zum guten Teil Verleumdung. Auf den Audorfer Almen empfange man nur anständige Besuche und nach dem Gebetläuten überhaupt keine. Sonst habe man genug zu tun, die Kühe zu melken, zu buttern, zu kochen und die Hütte aufzuwaschen; denn wenn auch die Mädchen selber schmutzig sind, ihre Herberge wissen sie reinlich zu halten.

Am Abend dann, nach getaner Arbeit, setzen sie sich auf die Sommerbank vor der Türe und jodeln ihre lieblichen Weisen in den Äther hinaus. Des Sonntags legen sie ihre schönsten Gewänder an, gehen allenfalls ins Tal hinab zur Kirche oder besuchen sich oben, auch aus größeren Fernen, um miteinander zu plaudern, zu singen und Zither zu spielen.

Übrigens tut man unrecht, wenn man sich die Dirnen gar zu naiv und alpenhaft vorstellt. [...] Immerhin bietet diese Mädchenwirtschaft

Die Sennerin beim Blumenpflücken: ein Hauch von Ludwig Steubs „Poesie des Almenlebens"

Durch diese Gasse könnten die „drei frischen Almerinnen" gekommen sein, denen Steub auf einer Wanderung „ins Hinterland drinnen am Wendelstein" begegnete. Der Weg, die „Lechner-Gass", führt vom Lechnerhof oberhalb von Brannenburg zur dazugehörigen Alm.

Sennerin Sabine Schwaiger am Fuß der Hochsalwand

unter ihren stillen Dächern ein reizendes Bild voll Friede und Ruhe, ja seit die Liebe abgeschafft, auch voll Unschuld – ein Bild, das man erhalten und nicht zerstören soll wie in Tirol, wo man die schelmischen Sennerinnen und die Zither und die Almenlieder aus nichtssagenden Gründen von den Alpen ver-

jagt und dafür die langweiligen ‚Ochsner und Gaiser' hingestellt hat. Damit ist die ganze Poesie des Almenlebens verfallen.[18]

Auch in seinen 1862 erschienenen „Wanderungen im bayerischen Gebirge" berichtet Steub von einer Begegnung mit drei

Sennerinnen. Er traf sie auf dem Weg in die Berge oberhalb von Brannenburg, im Frühsommer kurz vor dem Almauftrieb:

Allein durch diese hohle Gasse wollte, wie es schien, gar niemand kommen, bis plötzlich drei frische Almerinnen, blond und keck, hinter der Felsenecke hervortraten, abwärts trachtend, hinaus nach Brannenburg. Sie waren bei sehr guter Laune, und jede führte einen hohen Bergstab in der Hand. Zu dieser Weil' wären mir die wirklichen drei Grazien nicht willkommener gewesen, wenn sie in ihrem leichtfertigen Frühlingsgewande durch den Bergwald herabgeschritten wären. Die Mädchen kamen übrigens aus dem Hinterland drinnen am Wendelstein und hatten eben nachgesehen, ob Wunn' und Weide schon saftig und genießbar, auch ob die Hütten wieder hergerichtet und zu beziehen seien für Mensch und Vieh.[19]

Sennerin Sabina Bichler an der Soinwand, im Hintergrund die beiden Hütten der Reindlalm

Die Lechneralm mit Lechnerköpfl und Hochsalwand

Heinrich Noës Besuch auf der Unterlahneralm über dem Königssee

Schwärmerisch, sentimental und verklärend ist das Sennerinnenbild, das die meisten Schriftsteller damals zeichneten. Doch es gibt nicht nur das Klischee von der „Schönen Sennerin". Andere, wie etwa Heinrich Noë (1835–1896), beschreiben sie nüchterner und realistischer – weit weniger poetisch als Steub. Noë war ein Münchner Schriftsteller, der sich ebenfalls gerne auf den Almen im bayerischen Gebirge herumtrieb und dies literarisch festhielt. Seine Schilderung einer Begegnung mit Sennerinnen auf einer Alm über dem Königssee klingt wie der Versuch, das idealisierte Sennerinnen-Bild Steubs zu korrigieren. Ob sich aber die realen Frauen in Noës Beschreibungen von „Stalldirnen"

und „armen Mädel(n)" wiedergefunden hätten, mag man dennoch bezweifeln.

Eine graue Alpenhütte, auf deren niedrigem Dache auch noch Blöcke liegen, ist oft aus der Menge der auf dem verwitterten Boden zerstreuten großen Trümmer in der Ferne kaum zu unterscheiden; um so freudiger ist die Überraschung, mit einem Male in der Wildnis unerwartetes Leben zu entdecken. Diese Freude darf man sich durch den argen Kot, der in der Regel die Zugänge zu diesen Idyllen überlagert, nicht stören lassen. Wo der Boden nicht von Steinen bedeckt ist, hat das Vieh tiefe Löcher eingetreten, die von Regenwasser ausgefüllt sind – und der Kiesboden ist mit den Exkrementen der Kühe, Ziegen und Schweine bedeckt, über welche oft noch die von den Tränkbrunnen ablau-

Auf der Mitteralm, um 1920

fenden Wasser einen unerwünschten Zusatz gießen, der sie auslaugt und weiterspült. Dann steigen dir Düfte in die Nase, die nicht nach ‚Alpenluft' riechen.

In der Hütte brennt ein Feuer; alles qualmt von Rauch, der nicht ganz durch die im Dach angebrachte Öffnung entweichen kann. Mehrere Mägde mit bloßen Füßen, schmierigem Gesicht und verwirrtem Haar scheuern ein eisernes Geschirr, stampfen Butter oder spalten Holz. Eine Sau liegt an der Schwelle. Mit verstörten Gesichtern sehen sie den Fremdling eintreten. Vor dem Geklingel der Kuhschellen draußen und dem Knistern des feuchten Holzes mußt du schreien, um dich verständlich zu machen.

„Du bist gwiß von Minka eini." – „Ja." – „San schon etli a eini kemma, so Malerburschen gnua." – „Gibt's Käs?" – „Koan Kas ham mer nit." – „Aber Brot?" – „Brot dengerscht a koans; es kimmt erst aufn Irta (Dienstag) ge Alm auffi."

So heißt's also im beizenden Rauch Milch trinken. Dabei schauen einen die Stalldirnen, Sennerinnen genannt, ungefähr mit denselben Augen an wie ihre schellentragenden Pflegebefohlenen draußen, deren Milch in einer ungeheuren Schüssel vor uns steht. Wie schön liest sich das Kobellsche Lied:

Da wimmits lusti z'Unterlahna
A Dutzend Diendln san beinand,
Da is wohl plauscht worn allerhand.
Die Diendln in dem Hoagascht da
Die haben g'lebt in oaner Gaudi,
Habn Nudln kocht und gscherzt und glacht,
Wie's halt a so a Rudl macht.

Aber die armen Mädel haben ein elendes Leben in einer solchen Hütte, Kaser genannt. Meist schützen sie die lose aufeinander gelegten Stämme nicht vor Regen und Wind, und die Schneewehen, die oft auch im Sommer

bis hier herabsteigen, lassen sie viel Frost leiden.[20]

Mit seinen kaum schmeichelhaften Texten hat Noë allerdings noch nicht den Gipfel der „realistischen" Beschreibung von Sennerinnen erreicht. Manchmal ist sogar von schrecklich „schiachen" Weibern die Rede. Bei Georg Queri (1879–1919) etwa heißt es:

Die Sennerinnen, die der oberbayrische Roman als junge, schöne und über alle Begriffe züchtige Mädchen hinstellt, erweisen sich bei näherer Besichtigung als etwas andere Weiblichkeiten. Es ist selbstverständlich, daß der Bergbauer zunächst ein festes, erwachsenes Weibsbild für die Almwirtschaft auswählt. Außerdem zieht er zum Leidwesen der Jäger und Holzknechte die älteren und häßlicheren vor.[21]

Karl Mays Sennerin Leni

Auch Karl May hat sich, bevor er mit Winnetou die Figur eines „Edlen Wilden" im fernen Amerika schuf, in „Der Weg zum Glück" (1886 bis 1888 als Kolportageroman erschienen) an der „Schönen Sennerin" versucht. Gewissermaßen eine Rückkehr zum Steub'schen Klischeebild mit eindeutigen erotischen Anspielungen:

Sie mochte kaum 18 Jahre zählen, war aber körperlich und vielleicht auch geistig bereits weit über dieses Alter hinaus entwickelt. Das in niedrigen Schuhen steckende Füßchen war im Vergleiche zu ihrer hohen, vollen Gestalt klein und niedlich zu nennen. Das kurze, aus roth und blau gestreiftem Zeuge gefertigte Röckchen reichte nur Wenig über das Knie herab und gab die drallen, von schneeweißen Zwickelstrümpfen umschlossenen Waden frei. [...] Das dunkelgrüne Sammetmieder war tief ausgeschnitten, so daß über den drei *silbernen Spangen, welche es zusammen hielten, die ganze Fülle des Busens zu sehen war, welcher, wenn sie während des Gesanges tief Atem holte, die feinen Fälteleien des weißen Hemdes zu sprengen drohte.*[22]

Karl May lässt übrigens auch gleich im ersten Absatz des ersten Kapitels – das den Titel „Auf der Alm" trägt – seine schöne Sennerin, die „Muhrenleni", gemeinsam mit dem Zither spielenden alten „Wurzelsepp" eine Strophe „des bekannten und beliebten Liedes aus voller Brust ertönen" (gemeint ist Johann Nepomuk Vogls Ballade). Und schreibt daraufhin im zweiten Absatz: „Der Refrain ihres Liedes steht ihnen auf der Stirn geschrieben: Ja auf der Alm, da giebt's ka Sünd!"[23] – Wer geballt alle zur damaligen Zeit kursierenden Bayern-, Alm- und Sennerinnenklischees kennenlernen will, der sollte mit großem Vergnügen diesen Karl May-Roman lesen.

Die Sennerin als liebreizende, züchtige Unschuld vom Land einerseits und erotisch aufgeladene Schönheit voll praller Weiblichkeit andererseits: eine Männerfantasie, die bis heute Blüten treibt. Die erotischen Fantasien erreichten im 20. Jahrhundert ihren Höhepunkt mit den „Alm"-Softpornos der 70er Jahre. Und auch das Lied „Die Sennerin vom Königssee" (1983 der einzige größere Erfolg der „Neue-Deutsche-Welle"-Band *Kiz*) gehört hierher, ebenso wie Fredl Fesls „schöne Kuhbusen-Masseuse" in seinem „Preiß'n-Jodler" von 1978.

Heidi und die Geier-Wally

So viel zum von Männern geschaffenen Sennerinnen-Bild. Es gibt aber auch Frauen, die Romane über Sennerinnen geschrieben und die Alm als idyllischen Sehnsuchtsort idealisiert haben. Gebirgs- und Heimatromane waren in der volkstüm-

Das Bild sieht nach heiler „Heidi"-Welt aus. Doch als es aufgenommen wurde, begann gerade der Zweite Weltkrieg. Elisabeth Huber, 1939 Sennerin auf der Lechneralm

Sabina Bichler mit einem zahmen Reh, modisch und selbstbewusst in den 1920ern. Sie wurde später „Deutschlands dienstälteste Sennerin".

lichen Literatur um 1900 äußerst beliebt. Schon in der Romantik und Biedermeierzeit gab es ja das Bild vom „idyllischen, heiteren und einfachen Hirtenleben" im Gebirge. Von diesem bis zu den „Heidi"-Romanen der Schweizerin Johanna Spyri (1827 – 1901), 1880/81 geschrieben, war es nur ein kleiner Schritt. Die „Heidi-Welt" als heile Welt prägt seitdem unser Bild von der Alm als friedlichem, paradiesischem Ort. Als Projektion für die Sehnsucht nach einem ursprünglichen, einfachen Leben.

Klischeebilder mit Bergen, Kühen und einer hübschen jungen Frau im Dirndl – möglichst weit ausgeschnitten wie bei Karl Mays Sennerin Leni – oder einem kernigen Naturburschen werden seit Jahrzehnten auch in der Werbung verwendet. Eine Almhütte mit fescher Sennerin davor und „Holz vor der Hütt'n": Das gibt's nicht nur in der Tourismuswerbung. Damit wird für Käse und Kaffeemilch, für Bier und Kräuterlimonade geworben.

Eine weitere Schriftstellerin, die schon früh das Sennerinnen-Sujet genutzt hat, war Wilhelmine von Hillern (1836 – 1916). Mit dem dramatischen Heimatroman „Die Geier-Wally" gelang ihr 1875 ein Bestseller. Das Buch wurde mehrmals zu Theaterstücken verarbeitet und verfilmt. Die Figur der starken, mutigen und widerspenstigen Geier-Wally, die von ihrem Vater auf eine einsame Alm verbannt wurde, ist in zahlreichen Versionen und Parodien bis heute populär. Sie hat jedoch nur wenig gemeinsam mit ihrem realen Vorbild: Anna Steiner--Knittel aus dem österreichischen Lechtal.

Diese hatte in ihrer Jugend in einer abenteuerlichen Aktion tatsächlich einmal ein Adlerjunges aus dem Nest genommen.

Die „echte" Geier-Wally war in Wirklichkeit keine Sennerin. Anna Steiner-Knittel begann einige Jahre nach ihrem Jugendabenteuer in München Malerei zu studieren und lebte anschließend als Malerin in Innsbruck. Wilhelmine von Hillern hatte dort 1870 zufällig ein Bild von ihr in einem Schaufenster entdeckt. Ein Selbstporträt der Malerin, das sie als 17-Jährige zeigte, an einem Seil in der Felswand hängend und gerade dabei, das Adlernest auszuheben.[24]

In der Verfilmung 1940 durch Hans Steinhoff, mit Heidemarie Hatheyer in der Titelrolle, versuchten auch die Nationalsozialisten die Geier-Wally für ihre Blut- und-Boden-Ideologie zu vereinnahmen. Es war einer der ersten Kinofilme, die sich meine Mutter, damals 18 Jahre alt, ansehen durfte. Seit 1936 gab es im Nachbarort Degerndorf eine Kaserne und ein kleines Kino. Die Schauspielerin Heidemarie Hatheyer wurde mit der Rolle der Geier-Wally zum Star. Sie spielte sie als stolze, unbeugsame und unangepasste Frau – eigentlich entgegen dem damals vorherrschenden Frauenbild. Noch im Alter schwärmte meine Mutter von Heidemarie Hatheyer als Geier-Wally.

Meine eigenen Erfahrungen als Sennerin waren für mich Anlass, mich mit dieser Zeit im Leben meiner Mutter näher zu beschäftigen. Nachzufragen, wie das Leben auf den Almen früher war. Was es damals bedeutete, als Sennerin zu arbeiten.

Die Sennerinnenjahre
meiner Mutter

Sabine Unker, geb. Schwaiger, Sennerin auf der Lechneralm mit kleinem Almbesuch

Die Hütte der Lechneralm liegt alleine im Kessel unterhalb des Lechnerköpfls.

Meine Mutter Sabine Unker (1922–2015) wurde als zweites Kind auf dem Lechnerhof, einem Bergbauernhof oberhalb von Brannenburg im Inntal geboren. Die Lechneralm, die Alm meiner Großeltern mütterlicherseits, ist keine ungefährliche Alm: mit zum Teil sehr steilen Hängen und Felswänden in Richtung Hochsalwand.

Es konnte leicht passieren, dass Vieh sich in den Felsen unterhalb des Lechnerköpfls oder der Hochsalwand verstieg. Oder auch einfach so an einer steilen Stelle ins Rutschen kam und obkugelt is, wenn der Boden durch langes Regnen aufgeweicht war, erzählte meine Mutter.

Um 1920 hatte im ganzen Inntal und auch auf den Almen droben die Maul- und Klauenseuche gewütet. Auf der Lechneralm waren daran zwölf Kühe verendet. Die Kadaver der Tiere wurden vor Ort auf der Alm vergraben. Meine Mutter hatte diese schreckliche Zeit zwar nicht selbst miterlebt. Doch sie kannte die Erzählungen davon noch aus ihrer Kindheit. Im Jahr 1930 wurden auf der Alm durch einen Blitzschlag 23 Schafe auf einmal getötet – da war sie acht Jahre alt.

Ein „guter Almsommer", den man den Sennerinnen wünschte: Damit war weniger gutes Wetter gemeint.

Es bedeutete, dass auf der Alm kein Unglück passierte, erklärte meine Mutter.

In ihren ersten beiden Almsommern war das auch so. Wohl erzählte sie uns Kindern später davon, wie sehr sie anfangs das Heimweh geplagt hatte und die Sehnsucht nach ihren Freundinnen im Dorf und dem Leben zu Hause. Wie sehr sie sich auch vor den oft heftigen Gewittern gefürchtet hatte. Wenn es rundherum blitzte und krachte, dann saßen sie, der Almbub Sepp, ihr kleiner Bruder Sebastian und die treue Hündin Nelly – alle vier gleich verängstigt und verschreckt bei Kerzenlicht in der Hütte.

Der dritte Almsommer verlief für meine Mutter weniger glücklich:

Bis dahin hatte ich als Almerin immer Glück gehabt. Im Juni 1943 aber stürzte eine Kalbin ab und musste notgeschlachtet werden. Ende September, zwei Tage vor dem Almabtrieb, stürzte auch noch das zweijährige Ross ab. Es überlebte schwer verletzt, Gott sei Dank. Die Wunden heilten wieder und das Pferd war noch viele Jahre auf dem Hof.

Der Lechnerhof

Für den Fotografen schön herausgeputzt
im Dirndl: Sabine Schwaiger

Die Arbeitspferde waren damals der wertvollste Besitz der Bergbauern. Traktoren gab es bis nach dem Zweiten Weltkrieg noch nicht auf den Höfen. Die Rösser wurden nicht nur bei der Heu- und Getreideernte im Sommer gebraucht. Sie waren auch im Winter für die Holzarbeit im steilen Bergwald unentbehrlich. Holz zu arbeiten war damals eine der wenigen Möglichkeiten, um etwas Geld hinzuzuverdienen. Davon erzählte auch eine meiner Tanten:

Im Winter waren die Rösser immer eingespannt beim Bergfahren. Die Bauern waren für den Transport vom Berg herunter verantwortlich und wurden dafür bezahlt. Es war eine sehr schwere Arbeit, alle Mannerleut auf dem Hof mussten zeitig in der Früh mit den Pferdeschlitten ausrücken. Sogar die Almbuben, die den Winter über noch auf dem Hof waren, mussten mitfahren. Wenn die Zeit da war, hoffte man: ‚Wenn's nur bald schneibn tät, dass Geld ins Haus kommt!' Das Bergfahren war ja im Winter die einzige Einnahme.

Einmal waren die Mannerleut auf dem Sulzberg beim Holzschloapfn. Das ist ein furchtbar steiler Berg und meistens voller Eis. Sie waren bereits beim letzten Heimfahren, als ein Pferd ausrutschte, den Halt verlor und tief hinunterstürzte. Es war

Die Arbeitspferde waren der ganze Stolz der Bergbauern. Erst ab 1950 gab es die ersten Traktoren auf den Höfen. Das Gespann ist auf der Lechneralm unterwegs.

Die Arbeit in den Bergen war für Mensch und Tier nicht ungefährlich. Dieses auf der Alm verunglückte Pferd überlebte, trotz schwerer Verletzungen. Es lebte noch viele Jahre auf dem Lechnerhof.

sofort tot. Ganz niedergeschlagen und traurig kamen die Männer heim. Ein Ross ist dem Bauern immer wie ein Kamerad und der Verlust halt sehr schwer.

„Weibersterb'n is koa Verderbn, aber Rossvarrecka, des is a Schrecka!" So lautet ein alter Bauernspruch, den meine Mutter in diesem Zusammenhang lachend wiedergab. Ein ziemlich derber Spruch, auch wenn er „nur so zum Spaß dahergesagt" wurde. Sinngemäß übersetzt heißt er ja: Wenn eine Frau stirbt, so ist das weniger schlimm als der Tod eines Pferdes. Das sagt wohl doch einiges aus, nicht nur über den großen ökonomischen Wert der Rösser früher. Auch über den gering geschätzten Wert einer weiblichen Arbeitskraft.

Trotzdem, betrachtet man die Fotos, die meine Mutter aus jener Zeit auf der Alm in einem extra Fotoalbum aufbewahrt hat, so glaubt man ihr gerne den Satz: „Jedes Jahr war ich noch lieber droben." Natürlich zeigen diese Bilder vor allem die schönen Seiten. Ehemalige Schulfreundinnen zu Besuch. „Hoamleit",

Verwandte beim Sonntagsausflug auf der Alm. Auch männliche Bekannte und etliche Verehrer waren unter den Besuchern, trotz Kriegszeit. Wenn sie auf Fronturlaub waren, nutzten die jungen Burschen aus dem Dorf die Freizeit wie früher, um in die Berge zu gehen und auf den Almen einzukehren. Es gab ja sonst kaum Vergnügungen. Und natürlich kehrten sie vor allem auf den Almen ein, wo junge Sennerinnen droben waren.

Einige der Fotos zeigen meine Mutter bei den alltäglichen, typischen Tätigkeiten einer Sennerin. Beim „Melchageh" mit der „Millibutt'n" zum Beispiel: Mit dem langen Almstecken in der einen, dem Melkeimer in der anderen Hand und der Butt'n auf dem Rücken stieg sie morgens und abends auf den „Melchbiche", den Hang oberhalb der Hütte, wo die Milchkühe weideten. Dort oben wurde bei schönem Wetter im Freien gemolken.

Die volle Millibutt'n musste dann auf dem steilen Wegerl gut nach unten gebracht werden. Das war gar nicht so einfach.

Arbeitspferd auf der Lechneralm

Auf dem Gipfel des Lechnerköpfls

Auch Städterinnen (erkennbar an der modischen Frisur) auf Almbesuch trugen in den 1940er Jahren Dirndl.

Meine Mutter mit ihren Schulfreundinnen zu Besuch auf der Alm

Auf anderen Fotografien sieht man sie beim Butterrühren vor der Hütte. Oder beim Brennholz Machen und Wasser im Eimer vom Brunnen Holen. Das „Melchg'schirr" im „Zinkwannl" abwaschen. Den Almgarten mähen. Aber auch, nach getaner Arbeit, beim Stricken oder wie sie die langen Haare zur „Gretlfrisur", zu einem geflochtenen Kranz hochsteckt.

Die meisten dieser Aufnahmen stammen von Alois Burmer, von Beruf Schuster aus Reischenhart. Der Burmer Lois war, wie meine Mutter erzählte, ein leidenschaftlicher Fotograf. Er hatte sich schon in den 1930er Jahren eine Kamera gekauft, für einen einfachen Dorfschuster damals ein ziemlich teures und außergewöhnliches Hobby. Seine Frau war einige Jahre zuvor, von 1932 bis zu ihrer Heirat 1936, Sennerin auf der Lechneralm. Der Kontakt zur Bauernfamilie auf dem Lechnerhof war nie ganz abgebrochen. Auf seinen Streifzügen in die Berge zog es den „Fotomann", wie er sich selber gerne nannte, mit seiner Kamera daher naturgemäß vor allem auf diese und die benachbarten Almen rund um

Brannenburg. Viele Jahre später, als ihr Mann schon gestorben und ihre Kinder erwachsen waren, ging auch die Burmer Marie noch einmal als Sennerin auf die Lechneralm.

Im Sommer 1941 aber wäre eigentlich zunächst die älteste Tochter des Lechnerbauern, meine Tante Marie, dran gewesen mit dem Zur-Alm-Gehen. Meine Mutter musste im Winter davor wegen eines Darmverschlusses ins Krankenhaus und operiert werden. Darum durfte nun sie auf die Alm anstelle ihrer um ein Jahr älteren Schwester – weil sie noch nicht kräftig genug für die schwere Arbeit daheim war! Denn, so erzählte sie uns später:

Es war Kriegszeit, auf den Höfen gab es keine Knechte. Fast alle Männer waren eingezogen. Da mussten die Weiberleut zusammen mit den Alten auch die schweren Männerarbeiten machen.

Es gibt eine Fotoaufnahme aus dieser Zeit, auf der zu sehen ist, wie mein Großvater zusammen mit seiner ältesten Tochter eine Tanne umsägt. Per Hand, mit der Wiegsäge, wie damals üblich, natürlich.

Die Sennerinnenarbeit und das Almleben kannte meine Mutter schon von klein auf. Sie war ein eher zartes Kind gewesen, hatte leicht „etwas auf der Lunge",

Die typischen Arbeiten einer Sennerin auf der Alm hat Alois Burmer fotografisch festgehalten: meine Mutter beim Melkengehen mit der Millibuttn, beim Brennholz Machen, beim Mähen des Almgartens und beim Hüten der Kühe.

Butterrühren vor der Hütte

Sennerin bei der Morgentoilette: Erst wurden
die Haare zu langen Zöpfen geflochten, dann zu
einem Kranz hochgesteckt.

Im Sonntagsdirndl, vom Fotografen Alois Burmer in Szene gesetzt

Auch seine beiden Kinder nahm Alois Burmer oft und gerne mit in die Berge.

Der „Fotomann"
Alois Burmer

wie es damals hieß. Darum wurde sie während der Sommerferien zu ihrer Tante Sabina Bichler auf die Meilalm geschickt. Das Meil-Sabinei, wie diese genannt wurde (der Name Sabine oder Sabina wurde mit Betonung auf der ersten Silbe ausgesprochen, auf dem „a", nicht auf dem „i", wie heute üblich), war „ihr Lebtag lang Oimerin". Sie war die jüngste Tante meiner Mutter und ihre Firmpatin.

Schon als 14-jähriges Mädchen war Sabina Bichler das erste Mal als Sennerin auf die Alm gegangen. Das war mitten im Ersten Weltkrieg. Ohne Unterbrechung verbrachte sie von da an jeden Sommer, jeweils von Mai bis September, zuerst auf der Mitteralm – der Niederalm des Meilhofs – und dann auf der Hochalm am Soin unterhalb des Wendelsteingipfels. So brachte sie es auf über 60 Almsommer. Als sie sich im Jahr 1974 mit 74 Jahren zur Ruhe setzte, wurde sie als „Deutschlands dienstälteste Sennerin" ausgezeichnet. Eigentlich könnte ich mir eine weibliche Ahnengalerie an die Wand hängen, mit einer ganzen Reihe von Sennerinnen in der Familie.

Sabina Bichler,
Meil-Sennerin

Alois Burmer mit den zwei Meil-Sennerinnen Sabina (rechts) und Resei (links) auf der Mitteralm, der Niederalm des Meil-Hofs

Die Mitteralm

Sabina Bichler war ab 1915 jeden Sommer als Sennerin auf der Meilalm, über 60 Jahre lang – meistens hatte sie einen Almbua dabei.

Die Meilalm, auf der meine Großtante Sennerin war, war vermutlich die erste bayerische Alm mit Stromanschluss. Ihr Vater, der alte Meil-Bauer, hatte für den Bau der Wendelsteinbahntrasse 1912 Grund abgegeben. Dafür hatte er sich vom Erbauer der Wendelsteinbahn, dem Unternehmer Otto von Steinbeis, ausbedungen, dass er kostenlos Strom für seine an der Trasse liegende Alm erhielt. Diese allererste Bergbahn in den bayerischen Alpen wurde von Anfang an mit elektrischer Energie aus Wasserkraft betrieben. So kam meine Großtante schon vor dem Zweiten Weltkrieg in den Genuss, auf der Alm elektrisches Licht und ein Radio zu haben. Im Stall soll sie gerne klassische Musik gehört haben. Sie war sehr musikalisch und konnte auch selbst gut singen.

Lechneralm

Ausgangspunkt: Wanderparkplatz St. Margarathen

Gehdauer: 2 bis 2,5 Stunden

Höhe: 1.258 Meter ü. NN

Einkehrmöglichkeiten: Breitenberghütte (Naturfreundehaus) auf halber Wegstrecke. Auf der Lechneralm gibt es während der Almzeit (Juni bis September) almtypische Brotzeiten und Produkte vom heimatlichen Hof (Stand Sommer 2017).

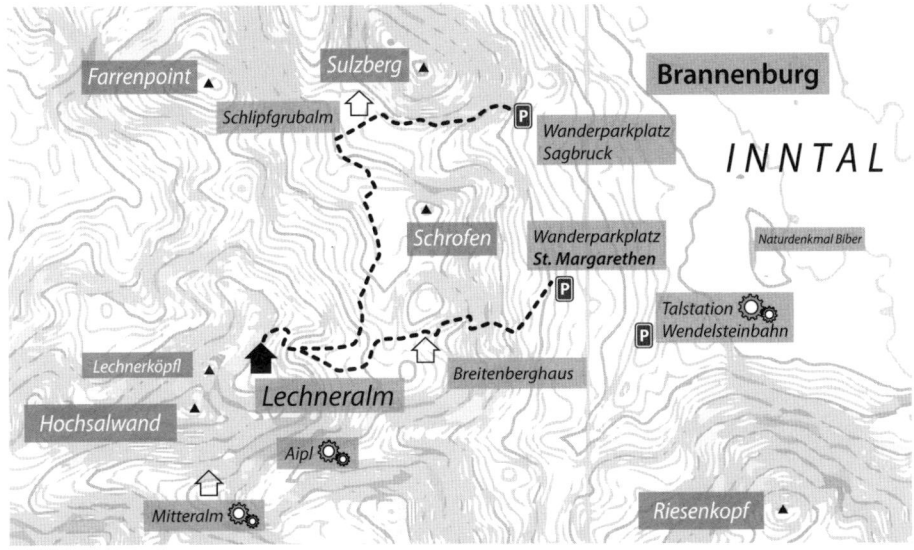

Der Arbeitsalltag einer Sennerin

Wie sah nun das Leben einer Sennerin früher wirklich aus? Über die Situation im 20. Jahrhundert geben die Porträts der Frauen in diesem Buch ausführlich Auskunft. Um ein Bild davon zu bekommen, wie es in den Jahrhunderten vorher war, müssen wir alte schriftliche Aufzeichnungen, Chroniken und dergleichen zu Hilfe nehmen.

Joseph Friedrich Lentner begann 1846 im Auftrag des damaligen Kronprinzen und späteren bayerischen Königs Max II. mit einer „Landes- und Volkskunde des Königreiches Bayern"; ein Werk, das später den Titel „Bavaria" erhielt. Dafür betrieb der junge Münchner Schriftsteller und Maler bereits so etwas wie Feldforschung. Lentner eröffnete gleich den ersten Band der „Bavaria" mit dem Kapitel „Alpenwesen im bayerischen Hochgebirge". Über die Arbeits- und Lebensweise auf den Almen im 19. Jahrhundert wusste er darin zu berichten:

Die Wirthschaft auf den Almen wird im bayerischen Hochlande fast ausschließlich vom weiblichen Geschlecht besorgt. [...] Die Sennerinnen, die sich nur für eine Almenzeit den Sommer über verdingen, erhalten 12–13 fl.[25] *Lohn und das Recht, in Freistunden für sich zu arbeiten. Auch die Lebensmittel werden ihnen verabreicht. Zu diesem Dienst melden sich gewöhnlich alte Weibsleute von bewundernswerther Häßlichkeit. Sennerinnen, welche das ganze Jahr hindurch bei ihrem Bauer im Dienst bleiben, erhalten den Lohn einer geringeren Dirne von 18–20 fl. nebst Kleider.*

Da der Almendienst nicht so beschwerlich ist, als die Haus- und Feldarbeit, so ist es gewöhnlich der Brauch, daß die jüngeren Töchter des Bauern auf die Almen ziehen, wogegen die Buben des Oberlandes, die Jäger und die Alpenfreunde weit weniger einzuwenden haben, als die betreffenden Pfarrer.

Der Sennerin ist ein Hirt (Heerder, Hüatabua) beigegeben, welcher auch den Winter über beim Bauern bleibt und 12–15 fl. Jahrlohn nebst Kleidung erhält. Ein richtiger, erwachsener Hirt (Stotz) hat für die Almenzeit wöchentlich einen Gulden. Kann man mit Sennerin und Hirt bei der Abfahrt zufrieden sein, so erhalten sie noch ein besonderes Trinkgeld.

Die Lebensweise und Geschäftsordnung auf der Alm ist folgende: Der Hirtenbube muß der Erste aufsein; bei heißem Wetter um ½ 4 Uhr bis 4 Uhr ist er mit Melkvieh bei der Almhütte eingetroffen. Während die Sennerin melkt, kocht er sich ein Frühstück, wenn er nicht ein Stück trocknen Brodes vorzieht. Ist abgemolken, so treibt er das Vieh auf den treffenden Weideplatz zurück, die Sennerin aber bereitet ihre Morgenkost, eine Milch- oder Brennsuppe.

Darnach buttert und käsert sie bis Mittag, während der Hirte beim Galtvieh umsieht, die zu weit gegangenen, besonders weidenden Kälber aufsucht und die Jöcher erklimmt, wo Schafe und Ziegen klettern. Er hat auch den Hof auszudungen, Holz und Streu zu sammeln und zur Hütte zu bringen und ersteres dort zu spalten.

In Mußestunden schneidet er Schindeln und Späne, und verfertigt Kochlöffel, Pfannenkratzer und Musbesen; - auch die Zäune muß er nachbessern und nach Talent und Kräften das Seinige zur Unterhaltung der Sennerin beitragen.

Der Hirt ist fast immer musikalisch; an der Stelle der immer mehr verschwindenden

Jungvieh auf der Lechneralm, um 1950. Die Betreuung des Viehs war und ist wichtigste Aufgabe einer Sennerin.

Die Almbuben, Helfer der Sennerin,
waren oft noch Kinder.

Schwägel (Querpfeife) und Maultrommel betreibt er mit Virtuosität das Spiel auf der Mundharmonika (Fotzhobel). Häufig versteht er die Zither zu schlagen; auch die Sennerin handhabt dieß ächte Alpeninstrument, daher man nicht selten es unter den Geräthschaften der Hütte findet.

Das Mittagsmahl für beide besteht in Retzl, Zweckeln (kleine Wassernudeln), Mehlhaber und Dopfennudeln; der Abendtisch in einer Suppe wie am Morgen. Sennen kochen sich dieselben Gerichte, natürlich nicht so appetitlich und regelmäßig. Ueberhaupt sieht es in ihren Hütten mit der Reinlichkeit übel aus.

Nachmittags hält eine faule Chloe Siesta, eine fleißige aber hat vollauf zu thun, die Geschirre blank zu scheuern, die Heerdasche säuberlich wegzukehren, ja sogar Sonnabends die Mauer desselben mit eigens bereit gehaltenem Kalk zu weißen, Tisch, Bank und Heerdbaum zu fegen, Wasser auf dem Kopfriegel zur Hütte zu tragen und Sonntagsstrümpfe zu stricken.[26]

Aufschluss über den Arbeitsalltag einer Sennerin gibt auch ein Physikatsbericht von 1861. Diese Berichte entstanden während der Jahre 1858 bis 1861 und sind von den beamteten königlichen Gerichtsärzten in Bayern angefertigte Beschreibungen des „sozialen und wirtschaftlichen Volkslebens" in den Landgerichtsbezirken. König Max II. von Bayern hatte nach seinem Amtsantritt 1848 damit begonnen, sich der sozialen Probleme des Landes anzunehmen; seine Regierung gab daraufhin die Physikatsberichte in Auftrag. Der Genannte aus dem Jahr 1861 liest sich wie folgt:

Eine solche Sennerin nun hat einen schweren Dienst. Nicht genug, dass sie mit dem frühesten Morgen aufstehen und dem während der Nacht weidenden Vieh auf die höchsten Berggipfel nachsteigen muß, um dasselbe zu melken, dass sie ferner Geschirr und Hütte ständig rein zu halten, Topfen zu machen, zu buttern und käsen hat, dass sie sich das nötige Brennholz sammeln sowie Berggras (Lanengras) schneiden und heuen muss, auf vielen Alpen auch ihr Vieh vor dem Abstürzen zu hüten, endlich für sich selbst zu kochen und waschen hat – sie muss auch wöchentlich 2 – 3 mal die Erzeugnisse ihrer Wirtschaft, Butter, Topfen und Käse zu dem oft weit entlegenen Heimgute hinuntertragen und auf dem Rückwege ihren Bedarf an Mehl, Brot usw., oft eine schwere Last, mit hinauf nehmen – ja sie muss sogar in der Heu- und Erntezeit während der 4 bis 6 Stunden, die sie zu Hause zubringt, daselbst auf dem Felde mitarbeiten. Gewiss eine anstrengende Lebensweise, die viele und schwere Arbeit mit sich bringt, nur wenig Zeit zum Schlafe auf schlechtem Lager gewährt und die Sennerin nicht selten den rauhesten Witterungseinflüßen aussetzt, wovor sie in ihrer mangelhaften Hütte kaum notdürftig Schutz findet. Deshalb altern die sich so beschäftigenden Weibspersonen auch schnell und gewinnen bald ein wettergebräuntes, verwelktes Aussehen – aber sind dann auch in hohem Grade abgehärtet und unempfindlich für viele Krankheitsursachen. So schwer jedoch die Beschäftigung der Sennerin sein mag, so übt sie doch in der Regel einen eigenthümlich erfrischenden Einfluss auf das Gemüt aus und wird deshalb, einmal gewöhnt, nicht leicht mehr mit einer anderen Lebensweise vertauscht, wozu freilich die Freiheit im Schalten und Walten während des Bergaufenthaltes nicht das Wenigste beitragen mag [...].[27]

Zur Arbeitskleidung der Sennerin gehörte auch vor hundert Jahren schon eine Stallhose.

Besonders arbeitsintensiv war für die Frauen der Beginn der Almzeit. In den ersten Tagen musste die Hütte hergerichtet werden, die während des Winters leer gestanden hatte. Nicht bei jeder Hütte gab es einen Brunnen direkt in der Nähe. Manchmal mussten die Frauen das Wasser von einem Bach oder einer Quelle von weit weg hertragen. Das machten sie meistens mit einem Holzschaff, das sie auf dem Kopf balancierten – ganz ähnlich, wie man es von Bildern aus Entwicklungsländern in Afrika oder Asien kennt. Dort legen die Frauen zwangsweise auch enorm weite Wege für das tägliche Brunnenwasser zum Kochen und Waschen zurück.

Als erstes musste die Hütte gründlich geputzt werden, damit man den Milch- und Käsekeller wieder nutzen konnte. Früher wurden auf den Almen viele Arbeitsgeräte und Gefäße aus Holz verwendet. Die waren über den Winter meist ausgetrocknet und undicht geworden. Sie mussten erst „g'letzt" werden, das heißt in Wasser eingeweicht, damit sie aufquellen und man sie wieder benutzen konnte.

Wie sah eigentlich das Arbeitsg'wand der Frauen in früheren Zeiten aus, als Jeans und Gummistiefel noch nicht zum Almalltag gehörten? Auch hierzu findet sich in Lentners „Bavaria" Aufschlussreiches:

Die Sennerin kleidet sich auf der Alme meist in einen kurzen Wollkittel, farbigem Mieder und Unterjacke ohne Aermel (Leibhansl) oder Halstuch. Blanke Hemdärmel und weiße Schürze sind ihre Abzeichen und Putztracht. Bei schlechtem Wetter zieht sie einen wollenen Schalk an. Zur Stallarbeit erscheint sie häufig schrecklich entstellt in weiten Zwilchhosen, die sie über die Röcke trägt. Ihre Fußbekleidung besteht in 'Boanhösln' (Loafaln) und Schuhen. Bei Besuchen schmückt sie sich wohl auch mit dem Hute. Zum Melken bindet sie häufig ein Kopftuch über.[28]

Zum Arbeiten hatten die Frauen auf der Alm also schon vor 1870 öfter mal Hosen an; zu einer Zeit, in der sich die bürgerlichen Frauen in den Städten in enge Korsetts schnürten und untenherum lange, schwere Röcke mit Krinolinen trugen. Man bedenke, dass drunten im Tal noch um 1900 Fahrrad fahrende Frauen in „Bein-kleidern" öffentliches Aufsehen erregten. Und selbst zu den ersten Damenskirennen mussten die Frauen noch in schweren Röcken antreten. Die Sennerin dagegen zog sich damals schon werktags ganz selbstverständlich bei der Stallarbeit eine blaue, dreiviertellange Stallhose aus Leinen an. Ins „Dirndlgwand" ist sie nur an Sonn- und Feiertagen geschlüpft und wenn Besuch kam. Zum Arbeiten wäre das „schöne Gwand" ja viel zu schade gewesen – und im Übrigen auch unpraktisch.

Im Alltag trug die Sennerin meist eine Kittelschürze …

… und zum Spaß schlüpfte diese hier auch einmal in Lederhose und Männertracht. Sabina Bichler, Meil-Sennerin, um 1925

Unangepasste Frauen

Solche gab es auch früher schon. Auch auf dem Land und auch in den sozialen Schichten, in denen es sich gerade Frauen eigentlich kaum erlauben konnten, unangepasst zu sein. Eine von ihnen war Barbara Passrugger: Sennerin in ihrer Jugend, dann Bergbäuerin und schließlich Schriftstellerin. Sie wurde 1910 als achtes Kind auf einem Bergbauernhof in Filzmoos im Salzburger Land geboren. Ihre Mutter starb, als sie neun Tage alt war. Ihr Vater gab sie daraufhin als Pflegekind zu einer Witwe, die selbst zehn Kinder geboren hatte. Dennoch hatte Barbara nach ihren eigenen Angaben eine glückliche Kindheit.

Auch ihre Pflegemutter war als „Ziehkind" aufgewachsen und entwickelte zu ihrer Pflegetochter ein sehr inniges Verhältnis. Von ihren eigenen Kindern überlebten nur sieben: „Drei sind ihr als Kleinkinder gestorben. Damals haben die Eltern dann den nachkommenden wieder dieselben Namen gegeben. Sie sagte des öfteren zu mir, daß mein Name unter anderem ein Grund gewesen sei, warum sie mich angenommen hatte, weil ich eben ihre verstorbene Barbara ersetzen konnte", schreibt Barbara Passrugger in dem Buch „Hartes Brot" über ihre Pflegemutter. „Der Name Barbara hat mir jedenfalls Glück gebracht, denn Ziehmutter hätte ich keine bessere kriegen können."[29]

Zu den schönsten Erlebnissen in jungen Jahren zählte Barbara Passrugger ihre Zeit als Sennerin. Gemeinsam mit einem ihrer Brüder durchstieg sie 1932, als 21-Jährige, die Dachstein-Südwand. Als erste Frau überhaupt, und in Männerkleidern. Darüber berichtete sie später: „Mein Bruder Franz war Bergführer. Er fragte immer: ‚Traust di auffe üba die Südwond?' Ich meinte, das müsse wohl er wissen, ob das zu machen sei. Nur die besten Kletterer sind damals da hinaufgekommen. Von der Hütte auf der Alm, wo wir im Sommer immer heuen waren, haben wir mit dem Fernrohr in die Südwand geschaut. Wir wollten es einmal probieren. Das mußten wir natürlich geheimhalten, erlaubt hätte man uns das nicht!"[30]

Als Bergbäuerin brach Barbara Passrugger auch später mutig mit Traditionen, die nicht für sie passten. Als die Kinder schon erwachsen waren, trennte sie sich von ihrem Mann, nahm ihren Mädchennamen wieder an und begann auch wieder mit dem Bergsteigen und Skifahren. Noch mit 80 Jahren kraxelte sie auf die Bischofsmütze, mit einer Höhe von 2.458 Metern einer der markantesten Gipfel im Dachsteinmassiv. Als Schriftstellerin hatte sie in hohem Alter in Österreich viel Erfolg mit ihren Büchern, in denen sie ihre Erinnerungen an das Leben auf den Almen und Bergbauernhöfen niederschrieb.

Für sie gab es immer nur die Alm

Ein anderes Beispiel für eine solche für die damalige Zeit ungewöhnliche Frau ist Katharina Putz, die 51 Jahre lang im Salzburger Lammertal Sennerin war. Ihre Enkelin Barbara Waß erzählt in ihrem Buch „Für sie gab es immer nur die Alm ..." vom Leben der Großmutter. Sie schildert die Arbeit der Sennerinnen früher auf den Almen im Salzburger Land in ihrer ganzen Härte und beschreibt zugleich die Faszination, die für die Frauen von dieser Lebensform ausging.

Wie aber ist diese besondere Faszination zu erklären? Es war ja wirklich ein

**Sabina Bichler beim
Füttern der Kälbchen**

Leben voller Entbehrungen und Risiken, mit viel schwerer körperlicher Arbeit verbunden, das Katharina Putz, 1876 geboren, als Sennerin führte. Es wies ihr aber auch eine Rolle als Arbeiterin ganz besonderer Art zu: In einer Umwelt, die Frauen nur sehr beschränkt Entwicklungsmöglichkei- ten und Freiheitsräume zugestand, konnte sie – wie ihre vielen Kolleginnen auf den anderen Almen – ihr Leben weitgehend frei und selbstbestimmt gestalten. Das führte manchmal zu radikalen Abweichungen vom vorherrschenden weiblichen Rollen- bild: Es gab Frauen, die wildern gingen und

79

Morgenstimmung auf der Schönaualm: Diese Alm im Sudelfeldgebiet (Rosengasse) liegt auf 1.241 Metern Höhe und gehört zum Gemeindegebiet Oberaudorf.

Männerkleidung trugen. Mütter, die ihre Kinder von Verwandten im Tal versorgen ließen, während sie auf der Alm lebten – wie es auch bei der Großmutter von Barbara Waß der Fall war: „Für sie gab es immer nur die Alm, das Vieh und ihren Hund, der sie bis zu ihrem Tod auf Schritt und Tritt begleitete. Das Leben meiner Großmutter war wohl das, was man heute als Selbstverwirklichung bezeichnen würde."[31]

Doch die Enkelin sieht auch die Schattenseiten dieses Lebens: Dabei seien ihre Kinder, ihre Ehe und im Alter schließlich auch Katharina Putz selbst auf der Strecke geblieben. Sie lebte zuletzt, alt und krank, in einer Kammer auf dem Hof eines Bauern, bei dem sie viele Jahre Sennerin gewesen war. Bis sie schließlich vereinsamt und völlig verwahrlost 1951 starb.

Katharina Putz gebar insgesamt elf Kinder, von denen aber sechs schon früh starben. Auch ihr erstes Kind, ein Bub, den sie noch ledig bekommen hatte, starb bald nach der Geburt. Über seinen Tod, so vermutet die Enkelin in ihrem Buch, ist sie nie wirklich hinweggekommen. Ob darin vielleicht auch der Grund für ihr Verhalten lag? Selbst nach ihrer Heirat gab sie alle Kinder in die Obhut ihrer Mutter. Sie selbst kümmerte sich kaum darum: „Meine Großmutter lehnte es ab, wegen der Kinder von der Alm zu Hause zu bleiben. Drei Tage vor der Entbindung ging sie von der Alm nach Hause, und sobald sie vom Wochenbett aufstehen und gehen konnte, ging sie wieder auf die Alm. Nichts konnte sie davon abhalten, weder ihre eigenen Kinder noch ihre Mutter, noch ihr Mann."[32]

Sennerin beim Melkengehen auf der Lechneralm, 1950

Weil ihre Großmutter sich weigerte, bei den Kindern zu Hause zu bleiben, der Großvater aber seine Frau und seine Kinder gerne bei sich gehabt hätte, ging die Ehe der beiden auf Dauer nicht gut. Er verließ schließlich seine Familie, arbeitete lange Zeit in Südtirol und kam sechs Jahre lang überhaupt nicht mehr nach Hause. Natürlich rätselte die Enkelin über das Verhalten ihrer Großmutter: „Ich habe versucht herauszufinden, was einen Menschen so an die Alm binden kann, dass alles andere im Leben nur noch zweitrangig ist […]. Ich glaube fast, die Alm übt auf

Die Herrin auf ihrer Alm: Sabina Bichler, Meil-Sennerin

manche Menschen eine ähnliche Macht aus wie auf andere das Meer. Bekanntlich gibt es ja auch genug Menschen, die es immer wieder auf die See hinauszieht, ohne dass sie selbst genau definieren können wieso."[33]

Und natürlich gab es für Katharina Putz kaum attraktive Alternativen zum Sennerinnenberuf. Was konnte eine Frau auf dem Land mit Volksschulbildung damals schon werden außer „Dirn", eine Dienstmagd? Wenn sie das Glück hatte, einen Bauern zu heiraten, oder selbst einen Hof erbte, Bäuerin natürlich. Und sonst? Kindermädchen bei „besseren Leuten" oder Köchin vielleicht noch. Oder eine „Noderin" (Näherin, Schneiderin), die „auf'd Stör" gehen musste, um ihr Auskommen zu finden. Als „Störgeher" kamen früher die kleinen Handwerker, die keine eigene Werkstatt hatten, zu den Bauern ins Haus: Schuster und Sattler etwa, um Schuhe und die Geschirre der Rösser zu flicken oder neu anzufertigen. Und eben die Störschneiderin, die das „guate G'wand" der Frauen gleich vor Ort nähte.

Auf den patriarchalisch geführten Bauernhöfen lockte die geachtete soziale Stellung der Sennerin. Sie waren im Sommer alleine verantwortlich fürs Vieh, sie waren die Herrinnen auf der Alm – ein begehrenswerter Posten. Sowohl in den bayerischen Bergen als auch im benachbarten Tiroler und Salzburger Land, wo Barbara Passrugger und Katharina Putz lebten, war das so.

Gefahren in den Bergen

Die Freiheit, die sie auf den Bergen genossen, verlangte den Frauen manchmal sehr viel Courage ab. Dass das Leben auf der Alm voller Gefahren war, geht auch aus einem Bericht der Barbara Weber, später verheiratete Voggenauer, hervor, die lange als Sennerin in den Chiemgauer Bergen auf der Alm des Paulschmied von Westerndorf gearbeitet hatte und daher als „Schmied-Wabn" bekannt war:

Im Jahr 1919 war es. Drückende Hitze, eine schauerliche Stille, und schwarze Wolken rollten ganz niedrig auf die Alm zu. Das Vieh war im Stall, aber in wenigen Minuten hatte ein furchtbares Hagelwetter das Hüttendach vollständig zerschlagen. Das Vieh stand bis zu den Knien im Wasser. Hühnereigroß und zackig wie ein Morgenstern kam der Hagel und zerschlug nicht nur das Hüttendach, sondern auch die Almweide. Wie ein armes, ratloses Kind stand ich weinend und ohne Hilfe vor dem Vieh und den Trümmern meiner schönen Alm. Aber Gottvertrauen und Menschenhilfe haben mich auch diesen schweren Tag überstehen lassen.

Auch Diebe klopften an meine Hütte. Den verwehrten Einlass wollten sie mit Gewalt erzwingen. Ich gab drei Schuss aus meinem Revolver ab und die Einbrecher nahmen Reißaus. Ja, wir Sennerinnen allein auf der Alm brauchen schon eine Schneid. Die Mörder von der Käsalm im Samerberggebiet kamen auch zu mir. (Dort war ein Senner, der seinen Mördern tags zuvor noch Abendessen und Nachtquartier gegeben hatte, wegen 5 Mark erschlagen worden.) Zum Glück war ich diese Nacht nicht allein in der Hütte und die Mörder mussten unverrichteter Mordabsichten wieder abziehen. Bei der Verhandlung in Traunstein haben sie die Mordabsichten an mir eingestanden. Als Zeuge in der zweitägigen Verhandlung hörte ich das alles mit eigenen Ohren. Die beiden Mörder wurden hingerichtet.[34]

Besonders gefürchtet von den Sennerinnen waren die oft heftigen Gewitter in den Bergen. Eine geweihte „Wetterkerze" durfte daher auf keiner Alm fehlen. Sie wurde angezündet und dazu der Rosenkranz gebetet, wenn ein schweres Unwetter wütete, in der Hoffnung, dass nichts passieren möge. Denn die Gefahr, dass Tiere vom Blitz erschlagen werden, oft gleich mehrere auf einmal, ist in den Bergen groß. So etwas kommt auch heute immer wieder vor.

Vieh zu verlieren, ob durch Blitzschlag, durch Krankheit oder wenn eines der Tiere abstürzt: Das war und ist das Schlimmste, was einer Sennerin passieren kann. Aber auch schwere Hagelunwetter, Murenabgänge und starker Schneefall können das Leben auf der Alm zu einer harten Bewährungsprobe werden lassen. Nur wenn der Almsommer glücklich verlief, kein Tier abstürzte oder sonstwie verendete, durften die Tiere zum Almabtrieb „aufgekranzt" werden. Diese Tradition wird nach wie vor beibehalten.

Extreme Wetterbedingungen machen Mensch und Vieh in den Bergen manchmal schwer zu schaffen. Einen Wettersturz mit ungewöhnlich starken Schneefällen schildert auch Barbara Waß im Buch über das Leben ihrer Großmutter:

Es schneite so stark, dass die Sennerinnen weder das Vieh auf die Weide lassen noch im

Anger Futter mähen konnten. Es gab also bald kein Futter mehr. Großmutter hatte ohnedies immer großes Erbarmen mit ihren Tieren, und so traf es sie besonders hart. Sie hätte wohl selbst lieber nicht gegessen, als das Vieh hungern zu sehen. Bei den anderen Hütten war es nicht viel besser. Sie hatten auch nichts mehr. Schließlich wurde ein Hüter in das tiefer gelegene Lienbach geschickt, dass er von dort Heu bringe. Doch der Hüter kam nicht zurück. Er brachte weder Heu noch kam er selber wieder. Er war in Lienbach bei einer Sennerin geblieben und kam erst drei Tage später wieder. Großmutter und die anderen Sennerinnen waren schon ganz verzweifelt, denn das Vieh brüllte vor Hunger.[35]

Ein solcher Kälteeinbruch mit heftigem Schneefall wurde im August 1813 auch der Sennerin Gertraud Schwab auf der Diesbachalm in der Ramsau zum Verhängnis. Sie hatte sich auf die Suche nach Schafen gemacht, verlor aber im Schneesturm die Orientierung und fand nicht mehr zu ihrer Hütte zurück. Erst ein Jahr später fand man die Leiche der Vermissten, die offenbar mitten im Sommer auf etwa 1.800 Meter Höhe erfroren war. In der Nähe des Unglücksorts wurde ihr ein Marterl errichtet, und der Ramsauer Pfarrer Heinrich Severin Wallner verfasste über ihr tragisches Schicksal die Ballade „Die Sendin zu Diesbach". Sie wurde vertont und ist als Volkslied in der Berchtesgadener Gegend auch heute noch bekannt. Die ersten Strophen gehen so:

Die Sendin zu Diesbach
*Wunderbar sind Gottes Urteilswege,
unerforschlich führt uns seine Hand;
jung und sorglos laufst du muntre Stege
und dein Fuß tritt schon des Grabes Rand.*

*Hört, was sich mit mir hat zugetragen:
kennt ihr eure Schwester Gertraud Schwab,
wie ich schreckensvoll in jungen Tagen
auf den Bergen fand mein Grab.*

*Dreizehnjährig zog ich schon mit Freuden
auf die hohe Diesbach und Hochwies,
da das väterliche Vieh zu weiden,
weil ich schon die Jörgen-Senndin hieß.*

*Über Schroff und Kluft stieg ich behende,
keine Furcht stört meinen frohen Sinn;
dennoch fand ich hier des Lebens Ende,
plötzlich rafft der Tod mich hin.*[36]

Kuahbuam und Hiatamadl

Als Helfer hatten die Sennerinnen oft einen oder zwei „Kuahbuam" mit auf der Alm, auch „Hiatabua" (Hütebub) oder „Oimbua" (Almbub) genannt, junge Burschen im Alter von elf bis 14 Jahren. Manchmal waren es auch Mädchen, die so in die Arbeit eingewiesen wurden und ins Sennerinnenleben hineinwachsen konnten. „Kuahbuam" und „Hiatamadl" waren noch in der Zeit vor und während des Zweiten Weltkriegs überall auf den Almen anzutreffen. Kinder auf dem Land konnten ab Mai für die Mithilfe in der Landwirtschaft oder auf den Almen von der Schulpflicht befreit werden.

Auch mein Onkel Nikolaus Kolb musste in seiner Kindheit, in der Zeit zwischen den beiden Weltkriegen, drunten auf dem Hof seiner Eltern mitarbeiten und oben auf der Alm der Sennerin zur Hand gehen. Vor allem das „Butter-Abtragen" und Kühehüten gehörte zu seinen Aufgaben. Darüber erzählte er einmal:

Damals war die Wabn (= Barbara; Wabn ist eine alte bairische Kurzform dieses Namens) im Sommer Sennerin auf unserer Alm und blieb dann auf dem Hof, bis es einstellig wurde. Sie war ein kleines, rundliches Weibl, hatte damals schon immer Hosen an und rauchte wie ein Schlot. Da musste ich dann im Herbst beim Hüten drunten im Tal immer zum Kramer laufen und für sie Zigaretten kaufen.

Dieser Almbub hütete 1948 das Vieh auf der Aueralm bei Bayrischzell und hieß Kurt.

Erst um 1969, als in Bayern das neunte Pflichtschuljahr eingeführt wurde, verschwanden die jungen Helfer von den Almen. Elisabeth Müllauer, die in den Jahren gleich nach dem Zweiten Weltkrieg als Sennerin arbeitete, berichtete:

Einen Buben oder ein Dirndl hat man als Hilfe mitbekommen. Die aber, gerade der Volksschule entlassen, noch Kinder waren und sich manchmal vor Angst und Heimweh nicht zu helfen wussten. Aber alles kann man sich dann angewöhnen, die Einsamkeit, den Umgang mit dem Vieh, die Gewitter, die manchmal ganz schön schepperten.

Als Sennerin hatte Elisabeth Müllauer nicht nur die Verantwortung über das Vieh, sondern auch für ihre halbwüchsigen Helfer. In ihren ersten Almsommern hatte sie den Almbub Rudi dabei:

Sabine Schwaiger mit ihren beiden Almbuben,
links ihr jüngerer Bruder Wast und rechts Sepp
Huber, im Jahr 1942

Sennerin Elisabeth Müllauer mit ihrem
Almbuben Rudi vor der Hochalm Angl im
Sommer 1947

Damals durften so Buben den Sommer über von der Schule wegbleiben, sofern sie ein annähernd gutes Zeugnis hatten. Rudi war schon zwei Sommer vor mir auf der Alm. Das erste Mal war er elf Jahre alt, nun 13 und so was wie ein alter Hase, der mit Leib und Seele Almbub war. Rudi redete mit den Viechern, als ob es Menschen wären, erzählte ihnen, was er so erlebte und was ihn bewegte.

Der Junge war das Kind armer Leute. Sein Vater hatte in einem Bergwerk gearbeitet und war an einer Staublunge erkrankt. Seine Mutter musste die Familie mit allem Möglichen durchbringen. Manchmal wurde der Sohn auch zum Betteln geschickt. Es waren die Kriegshungerjahre und die Lebensmittelkarten reichten kaum zum Überleben, auch nicht auf dem Land. Auf der Alm hatte Rudi es besser, da konnte er sich satt essen – er freute sich immer schon auf die Almzeit.

In ihrem vorletzten Almsommer im Jahr 1950 nahm Elisabeth Müllauer dann ein Mädchen als Hilfe mit auf die Alm. In ihren Erinnerungen schreibt sie darüber:

April ist es geworden, aber kein Almbua in Sicht. Die Bauersleut suchten und fragten vergeblich. Da fiel mir ein, weil uns doch ein Haufen Weiberleut sind, ob sie mir vielleicht das Dirndl, die Gerti, mitgeben könnten. Die Gerti war ein Flüchtlingskind. Sie hatte schon ihren Dienst auf dem Hof in Gundelsberg angetreten. Also wurde es genehmigt, Gerti ging mit mir statt eines Kühbuben auf die Alm.[37]

Elisabeth Müllauer und Kuhdirndl Gerti 1950 auf der Gundelsbergeralm

Elisabeth Müllauer

„War das Werk gut gelungen, wurde die Buttermilch abgeseiht.
Wenn auch ein paar Bröserl noch drin blieben,
jeder Trinker hatte da schon gar nichts dagegen."

Auf der Hochalm Angl: 1946 hatte die Hütte noch keinen Kamin. Der Rauch des offenen Feuers musste durch die Holzschindeln abziehen.

Elisabeth Müllauer (1920 – 1998) war das jüngste von sechs Kindern. Ihre leibliche Mutter starb kurz nach ihrer Geburt. Daher kam sie – wie das damals üblich war – in eine fremde Bauernfamilie und wurde dort mit aufgezogen. Mit 13 Jahren, nach dem Ende der Volksschulzeit, musste sie bei verschiedenen Bauern als Dienstmagd arbeiten. Ihre Pflegemutter starb, als sie 19 war. Zu dieser Zeit war sie Magd in Gundelsberg, auf einem großen Hof im Gemeindegebiet Bad Feilnbach. Dort blieb sie neun Jahre lang.

Erst 1946, mit bereits 26 Jahren, konnte sie sich ihren lange gehegten Wunsch erfüllen und zum ersten Mal als Sennerin auf eine Alm gehen. Das war die Benebrandalm, ca. 1.200 Meter hoch an der Südseite des Großen Traithen gelegen. Sie gehörte dem Niederhofer, einem Bauern bei Bayrischzell, als Niederalm. Ähnlich wie meine Mutter ging Elisabeth Müllauer mehrere Jahre hintereinander sommers auf die Alm, bis zu ihrer Heirat.

Drei Jahre lang war sie im Dienst des Bayrischzeller Bauern und anschließend noch zwei Jahre wieder in Gundelsberg. Diesmal aber nicht mehr als einfache Magd, sondern als Sennerin auf der Gundelsberger Alm im Jenbachtal. Im Abstand

von fast 50 Jahren schrieb sie später ihre Erinnerungen an die Almsommer 1946
bis 1951 für ihre Kinder und Enkelkinder nieder. Die folgenden Auszüge aus ihren
Aufzeichnungen lassen erahnen, wie viel ihr diese Jahre bedeutet haben müssen.

*Als Mädchen von zwölf Jahren hab ich mir schon vorgestellt, einmal Sennerin zu
werden, aber das sollte noch lange dauern. Auch wäre man nicht gleich alt genug
gewesen, es brauchte allerhand Erfahrung und Können. Mit den Jahren hab ich mir
dann doch allerhand Wissen angeeignet, das man unbedingt haben muss, wenn man
einen ganzen Sommer auf sich gestellt ist.*

Der Zweite Weltkrieg war gerade zu Ende gegangen. An Lichtmess 1946 wech-
selte Elisabeth Müllauer von Gundelsberg nach Niederhofen bei Bayrischzell.
Dort sollte sie im Sommer ihre erste Sennerinnenstelle antreten. In den dreiein-
halb Monaten bis zum Almauftrieb brachte ihr die Bäuerin noch einiges Wichtige
für die Almzeit bei, unter anderem wie sie die Kälber zu behandeln hatte, damit
sie gut gediehen, und wie sie Butter und Topfen herstellen sollte. Am 24. Mai 1946
war es dann endlich soweit:

*Das Vieh war in dieser Nacht schon draußen auf der Weide am Fuß des Seeberges.
Ich hab sie um vier Uhr in der Früh geholt. Auf dem Weg dorthin ging es über eine
Brücke über die Leitzach, welche hinter Bayrischzell entspringt. Ich blieb stehen, der
Mond spiegelte sich im Wasser des Baches, ein paar Sterne waren noch da und es
versprach, ein wunderschöner Tag zu werden. Ich stand und schaute, die Vögel pfiffen
bereits leise. Ich habe so etwas Schönes wie diese Morgenstunde nicht wiedergesehen.
Vielleicht war ich auch deshalb so angetan, weil endlich dieser langersehnte Tag
angebrochen war, der mir meinen Almtraum wahr machte.*

Erst kamen die Kühe noch einmal in den Stall und wurden gemolken, dann
bekamen sie Glocken umgehängt und los ging's. Alle Tiere wurden vor dem Haus
auf eine Weide getrieben und mussten dort warten, bis die notwendigen Sachen
auf dem zweirädrigen Almkarren verpackt waren:

*Das war einmal Bettzeug in ein Tuch eingebunden, wo ich allerhand Dinge versteckt
hatte, die ich einfach auch auf der Alm nicht missen wollte, der Bauer aber nicht
gerne sah, wenn man so viel unnötiges „Glump" mitnahm. Dann brauchte ich noch
wetterfeste Kleidung, Schuhe, ein bisschen Geschirr und auch ein paar bessere*

Zu den Tieren hatte die Sennerin ein enges Verhältnis. Links Elisabeth Müllauer mit Kuh „Mirzl".
Das Stierkalb auf dem rechten Bild hieß „Herr Bichler", nach seinem Vorbesitzer.

Dirndlgewänder für sonntags, man wollte ja nicht immer im Werktags- oder Stallgewand herumlaufen.

Die Bäuerin kam noch mit der Weihwasserflasche, besprizte mich und Rudi, den Buben, der mitkam, und dann das Vieh. Sie ging ein Stück des Weges mit und wünschte mir viel Glück zu einer guten Almfahrt, was heißt, dass man das Vieh auch wieder gut nach Hause bringen sollte, wenn der Sommer zu Ende ist. Es waren acht Kühe, acht Kalbinnen und vier Kälber und außerdem zwei Geißen. Die ältere hieß Greti und die jüngere, deren Tochter, nannten wir einfach Kitza. Auch eine Katze namens „Alpenstopsö" begleitete uns. Die Bäuerin war inzwischen umgekehrt mit Wehmut im Herzen, denn in ihrer Jugend war auch sie einige Sommer als Sennerin auf der Alm gewesen.

Auf der Benebrandalm angekommen, wurden die Tiere zunächst in den Stall gebracht, damit sie sich ausruhen und ausschwitzen konnten. Viehsalz, Kälberfutter und Lebensmittel für Sennerin und Hüterbub wurden ausgepackt und alles kam an seinen Platz. Anschließend wurden die Kühe auf die Almweide geführt.

Es war alles ziemlich steil und ich muss zugeben, dass mir etwas schwummrig war. Hab mir aber nichts anmerken lassen, denn keinem schien das etwas auszumachen, diese steilen Leiten und tiefen Gräben. Ich war die Einzige, die das noch nicht gewohnt war. Es dauerte aber nicht lange, bis auch ich mich daran gewöhnt hatte.

Die ganze Hütte, hauptsächlich der Keller, hatten eine gründliche Reinigung nötig, denn Milch und deren Erzeugnisse sind sehr empfindlich gegen schlechte Luft und Ungeziefer, das sich im Lauf des Winters eingenistet hatte. Es verging fast eine Woche, bis man richtig „angehockt" war und das normale Almleben beginnen konnte. Ungefähr nach zwei Wochen kamen die „Annehm-Viecher", die Pensions-tiere von anderen Bauern, die selbst keine Alm hatten, aber ihr Jungvieh den Sommer über gerne los hatten und natürlich dafür bezahlten. Es waren immer so an die zwölf bis 15 Stück, dann waren wir vollzählig. Als die „Hoamara", d.h. die Leute von zu Hause, wieder weg waren, empfand ich es als Befreiung. Nun habe ich endlich ganz selbständig wirtschaften und arbeiten können, wie ich es mir immer gewünscht hatte.

Zum 1. Juli wurde „umgetrieben". Das heißt, die Tiere kamen runter von der Benebrandalm ins Leitzachtal. Dann ging es drüben auf der anderen Seite über den Sillberg wieder hinauf zur Hochalm:

Der Weg war schmal und steinig, rechts ging es steil hinauf zum Maroldgebirge und links ebenso steil hinab in unwegsames Gelände. Die Tiere mussten eins hinter dem anderen gehen und zwar flott, damit keines irgendwelche Dummheiten anfing und schließlich zum Stürzen kam.

Auf der Angl-Alm, der Hochalm des Niederhofer, gab es damals noch eine Herdstelle mit offenem Feuer. Neben dem Hüttenraum war ein kleines Kammerl mit dem „Kreister", der Schlafstatt für die Sennerin. Das Bettzeug und die notwendigsten Sachen für den Almhaushalt hatte man von der Niederalm mitgenommen. Alles musste die letzte halbe Stunde bis zur Hochalm getragen werden, weil man nicht einmal mit dem Zweiradkarren ganz zur Hütte fahren konnte. Die ganze Familie des Bauern half beim Treiben und Tragen und viel wurde auch dem Pferd aufgebürdet, das den Karren gezogen hatte. Die Arbeit auf der Hochalm unterschied sich nicht wesentlich von der auf der Niederalm, nur war das Gelände größer und die Wege waren weiter:

Mit der Milchbutten auf dem Rücken ging's zum Melken auf die Auer Alm. Immer dabei: die Geißen „Greti" und „Kitza".

Wir mussten zum Melken jedes Mal eine halbe Stunde weit gehen, denn bei schönem Wetter blieben die Viecher auf der Weide, d.h. hinten auf der Auer Alm. Die grenzte an unsere an, wurde aber vom Besitzer nicht mehr aufgetrieben, somit kam sie als Pacht zu unserer dazu. Dadurch hatten wir eine größere Weidefläche und die Viecher viel zu fressen. Am Anfang wurde die Milch etwas mehr, ungefähr bis „Jakobi" (25. Juli). Das ist der Wendepunkt auf der Alm. Von da geht's dann schon etwas abwärts, mit dem Tag, mit der Weide und auch mit der Milch.

Wenn wir melken gingen, war das ganz schön anstrengend. Meine Butte, die man auf dem Rücken trug, fasste 25 Liter Milch, die von Rudi zehn Liter. Wenn ich auch nur gute 20 Liter drin hatte, so war das ganz schön schwer. Die Riemen schnitten auf den Schultern ein, am Anfang wurden die Arme ganz blau und gefühllos. In jeder Butte war ein Schwimmerl, das war ein oval zugeschnittenes Brettchen, nicht zu streng, damit es etwas Spielraum hatte. In der Mitte war ein Loch. so wie etwa ein Astloch, damit die Milch sich etwas bewegen konnte und doch gebremst war und nicht herausschwappte. Aber ruhig gehen musste man immer noch, das wollte auch gelernt sein.

Man musste schon sehr früh aufstehen, am besten vor Sonnenaufgang um vier Uhr früh. Das hatte auch seinen Grund. Die Kühe ruhten noch, sie waren noch nicht beim Grasen und das Ungeziefer auch noch nicht so letz (lästig). [...] Rudi hat jede Kuh hergetrieben. Wir machten das immer am selben Platz neben der Ruine von der früheren Auer Alm. Die Viecher haben sich daran gewöhnt, stehen zu bleiben, sich melken zu lassen, getätschelt zu werden und als Lohn für ihre Anständigkeit gab's hernach eine Portion Miat (eine Mischung aus Salz und Kleie), was natürlich von den Tieren am meisten geschätzt wurde. Dann nahmen wir unsere Butten auf den Rücken, den Melkeimer in die eine Hand und den Stecken in die andere. Kaum waren wir wieder unten, kamen die Geißen nachgerannt, die ja ohne uns nicht sein konnten.

In der Hütte angekommen, hieß es Feuer machen und den großen Kupferkessel übers Feuer ziehen, damit man heißes Wasser hatte. Die Milch wurde bis zu einer bestimmten Temperatur erwärmt und – natürlich per Hand – durch eine Zentrifuge getrieben. Mit der Magermilch wurden die Kälber gefüttert. Neben den Kühen mussten auch noch die Ziegen gemolken, die Kälber getränkt, gefüttert und der Kälberstall ausgemistet werden. Sie blieben nachts immer im Stall, während die Kühe und das Jungvieh in der Regel auf der Weide übernachteten. Bei schlechtem Wetter wurden auch die Kühe in den Stall getrieben und dort gemolken. In Elisabeth Müllauers erstem Sommer 1946 war das Wetter offenbar oft schlecht:

Kamin gab es da noch keinen und der Rauch musste durch die Schindeln abziehen. Dieser Sommer auf der Hochalm war ziemlich regnerisch, und so hat es den Rauch oft in die Hütte gedrückt. Wir mussten dann die Türe offen lassen, auch wenn es zog. Die Augen haben oft getränt und nicht selten war das Gesicht voll Ruß. Der Bub hat das immer mit Freude bei mir festgestellt und gelacht.

Das Wetter war sogar so schlecht, dass der Bauer und sein Knecht kommen mussten, um uns Holz herbeizubringen, da uns das trockene Holz ausging. Als sie wieder weg waren, hab ich aufgeschnauft, denn sie brauchten ziemlich viel zu essen, und die Auswahl war nicht groß. Mir kam der Spruch einer alten Tiroler Sennerin in den Sinn: „Liaba a kloans Schneeä aufm Dach, ois dia Bluats-Hoamara in der Hüttn. Des Schneeä is bis Mittag wieda weg, aba die söllan bleibm den ganzn Tog und oft no länger."

Den größten Teil der Milch verarbeitete Elisabeth Müllauer zu Butter, Topfen und Käse. Die Herstellung von Almbutter beschrieb sie so:

Nach drei bis vier Tagen auf der Alm haben wir die erste Butter gerührt; in einem Holzfassl mit der Hand versteht sich. Damit die Butter auch gerät, muß man die richtige Temperatur haben. Aber das Werk war gut gelungen, die Buttermilch wurde abgeseiht, wenn auch ein paar Bröserl von der Butter noch darin blieben. Jeder Trinker hatte da schon gar nichts dagegen, gab es der Milch doch den guten Geschmack.

Die Butter musste in kaltem Wasser ausgewaschen werden, damit die restliche Milch weg war, dann wurde sie geformt, in Stücke oder kleine Laibe. Mit dem Butterholz wurde bei jedem Stück ein Kreuz eingedrückt, damit auch da der Segen Gottes war. Überhaupt waren Weihwasser und Kreuzzeichen steter Begleiter, auch manches Gebet, ob kleiner oder größer, unentbehrlich. Man hatte ja sonst keine Hilfe wenn irgend eine Not war, sei es, daß ein Vieh krank oder nicht zu finden war. Man wußte sich nicht anders zu helfen, als zu Gott Zuflucht zu nehmen.

Gleich am Anfang der Almzeit war die Bäuerin zu ihr auf die Alm herauf gekommen und hatte ihr genau gezeigt, wie sie aus der Milch der Ziegen und der Kuhmilch Käse zu machen hatte – Buttern konnte sie ja schon:

Der Ziegenkäse wurde jeden Tag hergestellt, der von der Kuhmilch nur zwei Mal in der Woche, später nur noch einmal, da ja auch die Milch weniger wurde. Den Käse von der Kuhmilch zubereiten war viel Arbeit, aber als ich den ersten fertig hatte, war

ich mächtig stolz. Drei Wochen brauchte er bis zur völligen Reife, alle zwei Tage muss-
ten die Laibe eingesalzen, wieder abgewaschen und nochmals eingesalzen werden.

Das „Abtragen" gehörte zu den Aufgaben des Almbuam. Zweimal in der Woche
trug er den reifen Käse, Butter und Topfen zum Hof hinunter und kam mit
Lebensmitteln, aber auch mit Post, Grüßen und Neuigkeiten wieder herauf.

Dreimal die Woche, hatte ich eingeführt, mussten die Buben sich gründlich waschen.
An den Tagen, wo sie abtragen und am Sonntag. Man soll ja auf der Alm auch kennen,
dass es nicht reiner Werktag ist. Der Sonntag wurde auch dort oben gehalten. So gut
es ging, mit Ausnahmen, die es immer wieder gab. Selbst der Regen, so bildete ich mir
ein, floss feierlicher als an den Werktagen. Bei gutem Wetter waren die Samstag-

Auf der Gundels-
bergalm, im letzten
Almsommer 1951

Die Kinder des Bauern machen Ferien auf der Hochalm bei Elisabeth Müllauer.

abende schon so schön, weit ins Tirol hinein sah man die Bergfeuer, hauptsächlich in der Zeit um Johanni. Die Tiroler brauchten zwar nicht viel Anlass, um Bergfeuer anzuzünden. Es war eben Lebensfreude, die sich da nach einer Woche voller Arbeit zeigte.

Die Sommerferien verbrachten auch die beiden Kinder des Bauern bei Elisabeth Müllauer auf der Alm. Über einen Mangel an Besuchern konnte sie auch sonst nicht klagen, denn sie hatte viele Freunde und Bekannte in Feilnbach. Auch der „Nachrichtendienst" funktionierte immer ausgezeichnet und brachte so manchen ins Staunen über das, was die Sennerin oben auf dem Berg längst schon an Neuigkeiten wusste. Als „Botschaftsträger" fungierte ja der Almbub. Einmal wurden ihr von Bekannten Grüße aus Gundelsberg überbracht mit der Frage, wie es ihr denn gehe.

Es hörte sich an, als ob sie mich bedauern würden. Da das aber nicht notwendig war, ließ ich ausrichten, es wäre mir sauwohl, was auch der Wahrheit entsprach.

Besuch auf der Alm: links Almbua Rudi, rechts die Bäuerin mit Tochter Uschi und einer Verwandten

Zu den Lebensmitteln, die der Almbub von unten mitbrachte, gehörten:

Etwas aus dem Garten, ein paar Eier, etwas Mehl und zum Sonntag unsere Fleisch-und Wurstration, auf die wir uns besonders freuten. Waren wir doch scharf darauf wie die Katzen. Es gab ja nur für den Sonntag Fleisch, da war die Woche lang. Von dem Topfen konnte man sich zwar allerhand kochen: da gab es den Topfenschmarrn, die Topfenstrietzl und die Weißbaucherl, dann den abgerührten Topfen mit Salz, Pfeffer, etwas Rahm und viel Schnittlauch, so man gerade einen hatte. Zu heißen Kartoffeln oder aufs Brot und Milch dazu schmeckte es ausgezeichnet.

Zum Nachschauen auf die Alm kamen auch die Bauersleute, die ihr Pensionsvieh nach droben gegeben hatten:

Da wurde manches Mal unser Speisezettel aufgebessert. Ein Trumm Wurst, zusätzliche Eier, sie wußten schon, was Mangelware war, auch gab es manchmal ein Stückl Fleisch vom selbst (schwarz) Geschlachtetem. Es waren ja immer noch Lebensmittel-

Almabtrieb: Elisabeth Müllauer neben der geschmückten Leitkuh

marken maßgebend und es half sich eben jeder selbst, so gut er konnte. Wie eben auch zu uns Wanderer kamen, die meisten mit leerem Magen und ausgedörrt, und sich eine Brotzeit erhofften. Ein großes Stück Butterbrot und eine Tasse Milch konnten wir ihnen aber doch geben, wenn auch auf Bezahlung, aber das Geld war eh nichts wert.

Einmal erwähnt Elisabeth Müllauer auch den Brauch des „Galnen", von dem noch ausführlicher die Rede sein wird. Als sie von einem Besuch zweier Bekannter aus dem Dorf erzählt, die anschließend über die Maroldschneid weiter zu den Soinalmen wanderten, heißt es in ihren Aufzeichnungen:

Sie waren ein Stück oben, da fingen sie zu „goina" an (gesungene Verse, selbst erdichtet zum Dank für die gute Aufnahme, mit etwas Spott vermischt. Man mußte antworten, so gut es ging). Das war manchmal noch eine rechte Gaudi.

Anfang September, wenn die Weiden auf der Hochalm kahl gefressen waren und das Wetter herbstlich wurde, ging es wieder zurück auf die Niederalm.

„Man wurde reif für die Umfahrt", so beschrieb es Elisabeth Müllauer. Und wenn im Herbst dann endgültig die Zeit zur „Heimfahrt", zum Almabtrieb also, gekommen war, dann kam bei ihr Wehmut auf:

Musste man doch die Freiheit einen Winter lang aufgeben. Es hieß wieder, ange-schaffte Arbeit zu tun. Andererseits aber konnte man auch die Verantwortung abgeben, es war auch wieder schön zu Hause.[38]

Gundelsbergalm

Ausgangspunkt: Wanderparkplatz Wirtsalm, Bad Feilnbach
Gehdauer: 0,5 Stunden
Höhe: 900 Meter ü. NN
Einkehrmöglichkeiten: Wirtsalm (Stand Sommer 2017)

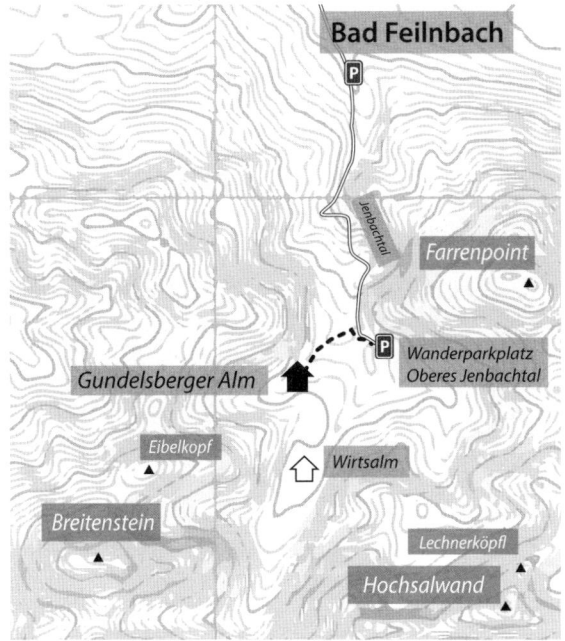

„Mei Häusl"

Natürlich ging das Leben der Frauen auf den Almen früher mit viel harter Arbeit einher. Das tat es aber, in vorindustriellen Zeiten, für die Mägde und Bauerntöchter im Tal genauso, wenn nicht sogar noch mehr. Während die Freizeit der Dienstboten auf dem Hof während der Ernte im Sommer sehr knapp bemessen war, hatten die Sennerinnen vor allem nachmittags auch mal Zeit zum Ausruhen oder zum Stricken, Sticken oder Lesen.

Auf den Bauernhöfen lebten die Menschen früher im Vergleich zu heute auf engstem Raum zusammen. Es war nicht

nur eine Großfamilie mit mehreren Generationen, die eine Lebens- und Arbeitsgemeinschaft bildete. Es lebten auch noch Knechte und Mägde mit auf dem Hof. Diese schliefen in der Regel, nach Geschlechtern getrennt, gemeinsam in einer Kammer. In der „Menscherkammer", wie die Schlafkammer der Mägde hieß, hatte jede oft nur ihre Bettstatt und eine Truhe oder einen Kasten für ihr persönliches Hab

Rampoldalm, 1939: So wie hier sah es auch 200 Jahre zuvor schon in der Almhütte aus. Gekäst und gekocht wurde über offenem Feuer.

und Gut. Den Raum musste sie mit den anderen Mägden oder manchmal auch den Töchtern des Bauern teilen.

Der sozialen Kontrolle durch den Bauern und die Bäuerin, durch die Nachbarschaft und die Dorfgemeinschaft entging niemand. Über das Leben der Mägde und Knechte und die besondere Stellung der Sennerinnen unter ihnen berichtete auch Barbara Passrugger in ihrem Buch „Hartes Brot". Der Oberhof, auf dem sie als Ziehkind aufwuchs, war ein großes Gut mit vielen Dienstboten:

Eine Weiberleutkammer und nebenan eine Männerleutkammer für die Dienstboten gab es auf jedem Hof. Am Oberhof hatte die Sennerin, die Plonl, mit ihrem Gatten, dem Hirter, ein eigenes Stüberl. Das war ein recht nettes Stüberl, weil auf die Plonl hat die Mutter immer besonders gut geschaut. Die Sennleut waren auch sonst immer ein wenig die Bevorzugten, weil man sie schon notwendig gebraucht hat. Die hatten ja das Vieh über.[39]

Auch Barbara Waß schildert in dem Buch über ihre Großmutter die mangelnde Privatsphäre der Dienstboten auf den Bauernhöfen früher. Eine Sennerin hatte es am Berg da schon viel besser: „Wenn die ,Hoamleit', die Leute vom Hof, erst einmal weg waren, dann war die Almhütte wirklich ,ihr Häusl'. Sie konnte dort schalten und walten, wie sie wollte. Niemand redete ihr etwas drein."[40]

Und wie sah das „Häusl" der Sennerin früher drinnen aus? Eine der frühesten Beschreibungen des Inneren eines Almkasers stammt aus den Berchtesgadener Alpen und findet sich in den „Botanischen Unterhaltungen mit jungen Freunden der Kräuterkunde auf Spaziergängen" (1784/85) von Georg Anton Weitzenbeck. Der junge

Geistliche und Naturforscher beschreibt den Kaser darin als lediglich aus rohen Baumstämmen gezimmerte Hütte, in der der Wind ziemlich ungemütlich durch die Ritzen pfiff. Der Herd war nichts anderes als eine einfache Feuerstelle am Boden, mit einer steinernen Einfassung rundherum und ein paar größeren Felsplatten an der Wand, die das Feuer gegen die hölzernen Balken abschirmten. Man bezeichnete das als „Fußbrand". Kamin gab es keinen, nur eine Öffnung im mit Holzschindeln gedeckten Dach, durch die der Rauch abziehen konnte.

Sabine Schwaiger vor dem Eingang zum Stall, ein Arbeitspferd in der Stalltür

So sah die Rampoldalm-Hütte 1939 aus.

Auch Lentners „Bavaria" gibt ausführlich Auskunft über das Innere einer Almhütte:

Neben dem Heerd an der Wand ist die bewegliche „Kesselhäng" (Krahn) befestigt, daran der Käsekessel, daneben steht die Säure oder Käswasserzuber, worauf die Seiher zum Dopferausgießen und das Dopfertuch ruht; [...] Ueber dem Heerd sind meist zwei Stangen waagrecht angebracht, worauf Späne und Dopfenkäse getrocknet werden. Gegenüber dem Heerde in der Ecke neben der Stallthüre findet sich eine Wandbank mit einem kleinen Hängetischl, über demselben ein Cruzifix mit etlichen Heiligenbildern und dabei der hölzerne Hüttenschlüssel. [...] Die Lagerstätte der Sennerin steht auch im Nebenkämmerlein hart an der Wand, und heißt „Kreister", im Reichenhallischen und Berchtesgadischen „Hoß" oder „Hossen", sie besteht aus hoch aufgerichtetem „Lahnerheu", worüber ein Leintuch gebreitet ist. Die Füllung des Deckbetts und Kopfkissens ist ebenfalls Heu und nur auf einigen Wackersberger, Jachenauer

105

Die beiden Kinder des Fotografen in der alten Rampoldalm-Hütte

und Tegernseer Alpen trifft man Federpolster und Betten, vielleicht weil da öfter Freunde der Gebirgs-Idylle zusprechen, welche man artig zu bedienen wünscht.[41]

Aus dem Text von Lentner lässt sich dazu das umfangreiche Inventar eines Alm-kasers im 19. Jahrhundert ablesen, das zur Milchverarbeitung gebraucht wurde: „Rühr-kübel" und „Käsereif", „Melksechter" und die verschiedensten Schüsseln, Hafen und Zuber, entweder aus Holz gefertigt oder irden, d.h. aus Ton. Nur der große, über das offene Herdfeuer schwenkbare „Kaskessel" war aus Kupfer. Daneben gab es einige eiserne Pfannen und Tiegel für „Schmarrn" und die oft gekochte „Brennsupp'n".

Friedrich Wilhelm Doppelmayr zeich-nete am 30. Juni 1811 die Sennerin Maria Anna Regenauer auf ihrer Alm. Den Namen hat er ebenso wie das Datum und den Ort am unteren Rand der Zeichnung genau vermerkt: „Auf der Reinlach-Alpe am Fuß des Windelsteins in der Alpen-hütte des Hinter-Schweinsteigers", steht dort. Auf dem Bild sind all die alten Utensi-lien detailgetreu nachgezeichnet, die auch Lentner beschrieben hat. Die Sennerin selbst ist gerade beim Buttern zu sehen, noch mit einem alten Stoßbutterfass.

Was hat sich geändert über die Zeit?

Eines scheint sicher: Ebenso wie die Gerätschaften blieb der Arbeitsalltag auf den Almen wohl über Jahrhunderte hinweg ziemlich unverändert. Das Melken des Viehs und die Verarbeitung der Milch in Handarbeit, der mühsame Transport von Butter, Topfen und Käse ins Tal: Bis in die Zeit nach dem Zweiten Weltkrieg hinein wirtschaftete man noch weitgehend wie mitten im 19. Jahrhundert. Der „Rührkübel", das Drehbutterfass, ersetzte irgendwann auf den meisten Almen das Stoßbutterfass. Die Erfindung der handbetriebenen Zentrifuge machte später die „Weitlinge" überflüssig – große, flache Schüsseln, in

denen die frischgemolkene Milch so lange gelagert wurde, bis der Rahm sich in einer dicken Schicht oben abgesetzt hatte und fürs Buttern abgeschöpft werden konnte.

Von Modernisierungen um 1900 wie dem Einbau eines Herds mit einem richtigen Kamin, der die offenen Feuerstellen ersetzte, berichtet der Samerberger Pfarrer Josef Dürnegger: „In einigen Hütten ist moderner Geist eingezogen. Tisch und Sessel und ‚Sparherd' und Zentrifuge kennzeichnen ihn."[42] Offene Feuerstellen waren noch bis Anfang des 20. Jahrhunderts die Regel. Damit das Feuer über Nacht nicht ausging, wurde abends ein

In der Lechneralm-Hütte sind um 1930 herum „moderne Zeiten" eingekehrt: Ein fesch herausgeputzter Almbub dreht an der Kurbel der neuen, handbetriebenen Milchzentrifuge, während die Sennerin das Milchgeschirr wäscht.

Almabtrieb um 1935 von der Mitteralm: Am Kranzschmuck der Leitkuh erkennt man, dass der Almsommer glücklich verlaufen ist.

großer Holzklotz auf die Glut gelegt und mit Asche abgedeckt, morgens dann die Glut durch starkes Blasen oder mittels eines Blasebalgs wieder angefacht.

Gehen wir noch einmal fast 100 Jahre zurück, in die 1920er Jahre. Damals vermerkte der Lehrer Max Hickl aus Stein bei Sachrang über die Almwirtschaft im Chiemgau: „Nur die zum Haushalte notwendigsten Milchkühe behält der Bauer im Tale. Daher herrscht dort im Sommer des öfteren Milchnot."[43] Die Bemerkung verweist auf den vermutlich wichtigsten Unterschied zur Almwirtschaft heute. Damals waren die Almen und die Sennerinnen existenznotwendig für die Bauern in den bayerischen Bergen. Die Wiesen im Tal alleine hätten gar nicht ausgereicht fürs Überleben.

Almauftrieb und Abtrieb waren daher wichtige Ereignisse im Jahreslauf, deren Zeitpunkt traditionell mit den Namenstagen bestimmter Heiliger verbunden war. Vor allem der Almabtrieb glich, wenn es ein guter Almsommer gewesen war, einem feierlichen Zug und war für die Sennerinnen der Höhepunkt des Jahres. Das macht auch die Schilderung von Max Hickl deutlich:

Erst im September, spätestens an Michaeli, zieht die Sennerin mit ihrem Vieh wieder hinab ins Tal. Sie schmückt ihre Lieblinge mit Kränzen und bunten Bändern. Die Leitkühe tragen am Halse große Glocken. Gar lieblich klingt das harmonische Geläute der wandernden Herde. Den Zug beschließt der Bauer mit seinem Karren, auf dem der Hausrat verpackt ist.[44]

„Aufgekranzt" wartet auch diese Almkuh auf den Abmarsch ins Tal.

Und heute? Heute bringt der Bauer den Hausrat der Sennerin statt mit dem vom Pferd gezogenen Almkarren mit dem Traktor auf die Alm und wieder herunter. In vielen Fällen ist die Hütte sogar von ihr selbst mit einem geländegängigen Auto gut zu erreichen. Und fast alle Milchkühe bleiben im Tal. Denn die Bauern müssen ihre mit den Molkereien geschlossenen Verträge erfüllen, und die Milch wird alle zwei Tage ab Hof vom großen Molkerei-Tankwagen abgeholt.

Auf den Almen vergnügt sich den Sommer über in Bayern meist nur noch das Jungvieh, die Koima und Kaibi. Nur ab und zu einmal hat eine Sennerin auch ein paar Milchkühe droben und buttert und käst, um ihre Produkte an Wanderer und Touristen zu verkaufen.

Aber so manches aus dem früheren, bereits vor 100 Jahren gerne idealisierten und als romantisch empfundenen Almleben hat sich doch ins 20. und 21. Jahrhundert hinübergerettet. Spät erst kam der Wandel von der bäuerlichen Selbstversorgung hin zur Industrialisierung in der Landwirtschaft und Produktion für den Markt. Dieser Strukturwandel vollzog sich in den bayerischen Bergen vor allem im Zeitraum zwischen 1950 und 1970. Noch bis Mitte des 20. Jahrhunderts waren die Bergbauernhöfe zum größten Teil Selbstversorgerhöfe. Trotz der ungünstigen Bedingungen und kargen Böden wurde sogar Getreide angebaut: Roggen zum Brotbacken und Hafer für die Pferde vor allem. Und Flachs, um daraus Leinen zu weben.

Mit der nach dem Krieg einsetzenden Technisierung und Spezialisierung in der Landwirtschaft veränderte sich allmählich auch die Einstellung zur arbeits- und personalintensiven Almwirtschaft. Sie war nun nicht mehr überlebenswichtig für die Existenz der Höfe. Eine, die alle diese Veränderungen selbst miterlebt hat – als Kind schon in den Jahren vor dem Zweiten Weltkrieg auf der Alm ihrer Eltern und nach dem Krieg als Bergbäuerin und Sennerin auf der eigenen Alm – war meine Tante Therese Kolb.

Therese Kolb

„Die Almleute mussten auch den Almgarten heuen.
Mit der Sense haben sie ein Stück nach dem anderen gemäht,
gewendet und ‚geschlagelt‘. Und wenn das Heu trocken war,
mit Bloachan zur Hütte getragen.“

Auch meine Tante Therese Kolb (1926 – 2015), die jüngere Schwester meiner Mutter, war in ihrer Jugend Sennerin auf der Lechneralm. Ihren ersten Sommer dort hatte sie so in Erinnerung:

Im Sommer 1949 bekamen wir keine Sennerin, und ich musste mit dem Vieh auf die Alm. Es gab viel Arbeit, aber es war schön. Auf der Alm waren 30 Stück Rindvieh, ein Stier, acht Kühe, mit der Hand zu melken, zwei Pferde, ein Schwein, 90 Schafe, vier Ziegen und ein Geißbock mit mächtigen Hörnern. Dieser Bock wurde von jungen Burschen gegen Ende des Sommers mit einem Hosenträger erdrosselt. Ihre Ausrede war: „Das Vieh ist uns nachgelaufen und wir glaubten, es sei ein wildgewordener Steinbock."

Die Geschichte mit dem erdrosselten Ziegenbock war auch der örtlichen Zeitung eine Meldung wert. Im Rosenheimer „Volksblatt" stand:

Mißlungener Diebstahl
Brannenburg. Auf der Lechneralm in der Nähe des Wendelsteins fehlte der Sennerin zwei Tage vor Abtrieb ein schöner Geißbock. Sie ging auf die Suche und fand denselben halb erdrosselt im Wald. Zwei fremde Burschen wollten ihn gerade töten und mitnehmen. Bei einem energischen Disput zwischen der Sennerin und den Dieben ergab sich, daß die letzteren den Geißbock für einen Steinbock hielten. Der Bock war inzwischen verendet, und die Sennerin mußte ihn tot heimbringen.[45]

Hier lebte er noch: Seine prächtigen Hörner wurden dem Geißbock aber kurze Zeit später zum Verhängnis.

Meine Tante wusste mit den Tieren allgemein gut umzugehen, auch mit dem Stier, der immer lammfromm war und von ihr gekrault werden wollte. Aber eines Tages wurde es trotzdem kritisch:

Er folgte mir zwar aufs Wort, aber als ich eine brunftige Kalbin in den Stall treiben wollte, weil sie noch zu jung war, hat er mich umgerannt. Dann spielte er Ball mit mir. Dreimal warf er mich in die Luft und dann in hohem Bogen in den Graben. Dort blieb ich bewusstlos liegen. Wanderer trugen mich zur Hütte hoch und gaben daheim Bescheid. Der Stier wurde abgeholt und ich kam ins Krankenhaus. Mit einer starken Gehirnerschütterung, Blutergüssen, Prellungen und einer Leberquetschung bin ich noch gut weggekommen.

Schon nach wenigen Wochen aber ging sie tapfer wieder auf die Alm. Bis zu ihrer Heirat mit Nikolaus Kolb, Brunnthal-Bauer von St. Margarethen, im November 1952 war sie im Sommer als Sennerin auf der Alm ihrer Eltern. Aber auch als Brunnthal-Bäuerin war sie gerne auf der dazugehörigen Alm, sooft es ihr möglich war. Zum Brunnthalhof gehören Almweiderechte und eine Hütte im Arzmoos in der Nähe des Sudelfeldes. Aus alten schriftlichen Quellen geht hervor, dass das Arzmoos seit 1493 als Gemeinschaftsalm von den Untertanen des Grafen von Falkenstein genutzt werden durfte.

Seinen Namen hat das Arzmoos von einem kleinen Erzstollen, in dem im 15. Jahrhundert nach Eisenerz gegraben wurde („Arz"=Erz). Einige Überreste davon sind heute noch zu sehen. Es ist eine der größten Almsiedlungen in Oberbayern, ein weites, nach Süden offenes Tal mit sehr schönen Weideflächen. Durch das Hochtal mäandert idyllisch der Arzmoosbach und am nördlichen Ende plätschert versteckt im Wald ein kleiner Wasserfall über die Felsen. Elf Almhütten stehen auf dem Gelände, die meisten gehören Bauern aus Flintsbach und Brannenburg. Weit mehr als Hüttenrechtler gibt es Familien, die Weiderechte im Arzmoos besitzen. Aus dem Jahr 1815 existiert eine immer noch gültige Vereinbarung von insgesamt 106 Personen, die Anteile an den Almnutzungsrechten haben.

Therese Kolb hat das Almleben geliebt und war als Austragsbäuerin auch in hohem Alter noch oft im Sommer im Arzmoos anzutreffen. Die Arbeiten und die Vorbereitungen am Ende des Winters auf dem Hof, die Vorfreude auf die Almzeit, die Mensch und Tier jedes Jahr wieder im Frühling erfasste, hat sie sehr schön beschrieben:

Therese Kolb als junges Mädchen zu Hause auf dem elterlichen Hof

Lang dauert heuer der Winter. Jetzt ist schon Mitte März und noch immer liegt Schnee und friert bei der Nacht. Zwar haben die Kinder jubelnd die ersten Schneeglöckchen am Waldrand entdeckt, und am Bachufer blitzt es blau zwischen dem alten Laub – die Leberblümchen kommen. Auch die Tiere werden unruhig, die Kälber hüpfen vor Übermut und beim Putzen (gemeint ist das Striegeln der Tiere) muss man schon recht aufpassen, dass man keine fangt. Aber noch geht gar nichts. Der Misthaufen wächst schon bald bis zur Dachrinne, Obstbaumschneiden tät Not und Holz richten.

Aber es ist immer noch alles geschehen. Die Tage sind schon lang, und wenn man einmal richtig draußen arbeiten kann, geschieht viel. Erst die Feldarbeit, düngen, Mist zoassen (eggen), odeln (Gülle ausfahren), abklauben (Steine und Äste aufsammeln). Unsere Wiesen sind fast alle von Wald umgeben, da liegen natürlich immer viele dürre und vom Schnee abgedrückte Äste im Feld, also muss „gramt" (aufgeräumt) werden.

Die Zäune werden instand gesetzt. Dann müssen auch noch die Schafe geschoren werden. Nicht zu früh, aber auch nicht zu spät, damit's schon wieder ein bisserl Wolle haben, wenn sie auf den Berg kommen. Der Krautacker muss auch umgeackert werden. Bald wird gesät und gepflanzt. Die Blumen kommen raus, werden umgesetzt und eingepflanzt. Auf der Alm werden ein paar dürre Bäume für Brennholz gearbeitet

In ihrem ersten Almsommer auf der Lechneralm, 1949: Das Fohlen bekommt eine Extraportion von der Sennerin im Arbeitsgewand. Für den Fotografen wird aber im schönen Dirndl posiert.

und vom Almgarten der Zaun hergerichtet, verfaulte Stempen ausgewechselt und Drähte gespannt.

Jetzt müssen aber auch die Tiere für die Alm hergerichtet werden. Die kleinen Kälber kommen in die eingezäunte Weide neben dem Haus. Da können sie rumspringen und fangen auch bald das Grasen an. Das müssen sie schon gut können, bevor sie auf die Alm kommen. Bei den Kühen und Koima werden die Klauen geschnitten und ausgekratzt. Die Glockenriemen müssen eingefettet und die Glocken geputzt werden. Betten und Bettwäsche, Stallgwand, ein paar Kleider und Wäsche zum Wechseln kommen in die alte Holztruhe. Sie werden, wenn Zeit ist, schon ein paar Tage vorher hochgefahren. Meist regnet es ja die erste Woche, und da passiert es schon, dass man manchmal recht nass wird.

Und dann ist es so weit: Der Tag des Almauftriebs steht bevor. Wie dieser auf dem Brunnthalhof nach wie vor abläuft und wie die ersten Tage auf der Alm aussehen, hat meine Tante ebenfalls schriftlich festgehalten:

Endlich kommt der Tag des Auftriebs, der von den Hüttenrechtlern gemeinsam festgesetzt wird. Da das Arzmoos eine Gemeinschaftsalm ist, treiben alle am gleichen Tag auf. Der Grießenbeck und der Steinberger von Degerndorf, der Wimmer von Flintsbach und der Bauernschmid von Fischbach treiben die Queralpenstraße (Sudelfeldstraße) hoch. Wir, der Krapp und der Kern von Brannenburg treiben über St. Margarethen, Ursprung, Kastenholz, hoch zur Kronbergeralm, über das Oberarzmoos runter ins Arzmoos. Der Weg ist schon recht schlecht, steinig und steil. Aber wenigstens ist kein Verkehr. Zweieinhalb bis drei Stunden brauchen wir immer.

Am Abend davor werden alle Tiere nochmals sauber geputzt, die Glocken und Drahtstücke hergerichtet, damit es am Morgen dann schneller geht. Um vier Uhr in der Früh wird aufgestanden, gefüttert und gemolken, dann werden die Glocken befestigt. Die größeren Kinder werden geweckt, sie gehen als Treiber mit. Nach dem gemeinsamen Frühstück geht's los. Erst werden noch alle Tiere mit Weihwasser gesegnet. Das war schon immer so und auch wir wissen: Ohne Herrgott geht gar nichts.

Um halb sechs, spätestens sechs Uhr treiben wir die Tiere los. Wast geht voraus und lockt. Die älteren Tiere kennen sich gleich aus und folgen. Die jungen brauchen noch ein bisserl leiten. Aber mit fröhlichem Geläute geht's den Berg hinauf. Ein bisserl wehmütig blicke ich ihnen nach. Früher bin ich immer vorausgegangen, aber jetzt geht's nimmer.

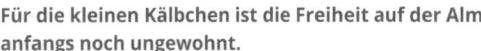
Für die kleinen Kälbchen ist die Freiheit auf der Alm anfangs noch ungewohnt.

Wie schön war es, in die aufgehende Sonne hineinzuwandern. Zu sehen, wie die Berggipfel und die Baumwipfel sich golden färben. Bleibt man stehen, rasten auch die Tiere. Nach einem aufmunternden: „Kimm Kuahlei, gehn ma wieder!" geht's wieder weiter. Erst geht's leicht dahin, Krapfenhöhe, Aiplweg. Dann wird's schwierig. Mensch und Tier plagen sich den steilen, steinigen Weg durchs Kastenholz hoch zur Kronberger Alm. Da muss man ihnen oft Zeit zum Verschnaufen lassen. Oben dürfen sie dann rasten und ein bisserl grasen. Dann geht's flott weiter durchs Oberarzmoos runter ins Arzmoos.

Daheim haben wir inzwischen noch zusammengeräumt. Klaus hat den Stall sauber gemacht, ein Fuder Gras für die daheimgebliebenen Kühe geholt und sie gefüttert. Ich habe das Milchgeschirr gewaschen, gespült und gekehrt und dann die Kleinen geweckt. Die Kälber sind schon im Viehwagen. Das ist jetzt sehr praktisch, da haben wir uns früher oft furchtbar geplagt, bis wir die Kälber mit Schieben und Ziehen oben hatten. Das Haus wird abgesperrt, wir steigen alle auf den Traktor und los geht's.

Natürlich sind wir eher oben, zu Fuß und mit den Viechern braucht man fast drei Stunden. Schnell wird abgeladen, in der Hütte Feuer gemacht und Teewasser aufgestellt. Sie werden alle ganz schön erledigt sein und froh um etwas zum Trinken und zum Essen.

Da tauchen oben am Grat schon die ersten Kühe auf. Ich schicke einen Juchezer hinauf, der von den Kindern fröhlich erwidert wird. Da werden auch die Kühe wieder munter. Sie drehen den Schwanz auf und springen die Leiten runter. Dann rupfen *und reißen sie gierig das saftige Almgras. Wenn der größte Hunger gestillt ist, holen wir sie in den Stall. Sie sind doch ziemlich ins Schwitzen geraten und sollen sich nicht gleich am ersten Tag verkühlen. Wenn sie dann trocken sind und sich ausgeruht haben, lassen wir sie wieder raus.*

Mein Mann Klaus, mein Sohn Wast, Schwiegertochter Resi und die großen Töchter fahren mit dem Traktor heim. Klaus wird noch einmal rauffahren und eine trächtige Kuh bringen. Wir wollten ihr die Strapaze nicht zumuten. Die Enkelkinder bleiben bei mir oben auf der Alm und haben es natürlich sehr wichtig. Die Betten müssen gerichtet werden, damit jedes seinen Schlafplatz hat.

Die Kälber dürfen nicht aus den Augen gelassen werden. Für sie ist alles neu und ein bisserl unheimlich – die große Freiheit, die vielen fremden Tiere! Sie sind verstört und schreckhaft. Mit viel Liebe und Geduld holen wir sie immer wieder zur Hütte und gewöhnen sie langsam an den Stall. Die ersten Tage versuche ich, die Tiere zusammenzuhalten und an den Stall zu gewöhnen. Sie bekommen eine „Leck", ein Gemisch aus Haferbruch, Zuckerrübenschnitzel, Kleie und Salz. Das mögen sie sehr gerne. Am Anfang ist noch eine große Unruhe unter den Tieren. Sie müssen sich erst kennenlernen und aneinander gewöhnen. Hin und her geht's, Machtkämpfe werden ausgetragen, bis fest steht, wer das Sagen hat.

Vor ein paar Jahren war der erste Sonntag gleich recht schön und sonnig. Sehr viele Spaziergänger kamen ins Arzmoos. Viele ließen ihre Hunde frei laufen, die noch

Im Herbst auf der Heimweide, vor der Kirche von St. Margarethen oberhalb von Brannenburg

zusätzlich für Aufregung sorgten. Ein großer Schäferhund lief zu unserer Hütte, wahrscheinlich wollte er nur spielen. Aber unser Kälbchen erschrak so sehr, dass es Martina, die es gerade streichelte, über den Haufen rannte und davonlief. Zum Glück ist nichts Schlimmeres passiert.

Gegen Abend zu wurde es endlich ruhiger, die meisten Leute hatten sich auf den Heimweg gemacht. Ich wollte schon beruhigt aufatmen. Da keuchte plötzlich ein Mann daher, ein türkischer Gastarbeiter, der mit seiner Familie vorne an der Queralpenstraße am Sonntagnachmittag ein Picknick gemacht hatte: „Komm schnell, alle Kühe auf der Straße!" Mein Gott, was kann da alles passieren! Wenn da ein Auto oder ein Motorradfahrer in die Herde rast – nicht zum Ausdenken! Ich sause los – der Toni vom Schröcker-Hüttl hält mich auf: „Wart, fahr ma mit'm Auto, des geht schneller."

Ein unvergleichliches Bild bot sich uns, das ich wohl nie vergessen werde: Etwa 70 Stück Rinder standen auf der Straße. Mitten auf der Brücke, bei der Kurve, stand ein riesiger Marsmensch – so schien es mir. Es war ein umsichtiger, beherzter Motorradfahrer, der einen silberfarbenen Rennanzug und Helm anhatte und die Motorräder und Autos aufhielt. Auf der anderen Seite hatten die Türkenfrauen in ihren langen Röcken eine Kette gebildet und hielten die Tiere auf, die auf der Straße weiterlaufen wollten.

Ich fing zu locken an. Bald horchten die älteren Tiere, hoben den Kopf und gingen mir nach. Die jüngeren folgten. Als ich alle wieder im Almgebiet hatte, lief ich nochmal zur Straße und rief allen ein herzliches „Dankeschön!" zu. Da haben alle gelacht und gewunken, und wir waren so froh, dass der Zwischenfall ohne Schaden abgelaufen war. Nach diesem Vorfall haben die Hüttenrechtler einen Gitterrost an der Straße eingebaut. Es gehen ja sehr viele Spaziergänger ins Arzmoos und immer wieder passiert es, dass die Schranke offenbleibt.

Der Tag neigt sich dem Ende zu. Nachdem wir die Kälber in den Stall gebracht und ihnen „Leck" und Heu gegeben haben, machen wir noch einen Abendspaziergang vor zur „Frau Dax". Das ist ein altes, auf Holz gemaltes Marienbild mit der Aufschrift:

„Maria mit dem Kinde hie
beschütze uns und unser Vieh."

Der Bauernschmid, der das Gnadenbild den Winter über aufbewahrt, hat es schon an der großen Fichte befestigt. Wir schmücken es jetzt noch mit Blumen und bitten um Schutz für unsere Tiere während des Sommers. Als früher noch in jeder Hütte ein Senner oder eine Sennerin waren, haben sie sich jeden Freitag vor dem Bild versammelt und einen Rosenkranz gebetet.

Über das Leben und Arbeiten in dem kleinen Almdorf in früheren Zeiten wusste meine Tante viel zu erzählen:

Früher hatten sie schon viel Arbeit, weil in jeder Hütte Milchkühe zu melken waren. Wir hatten immer fünf bis sechs Kühe auf der Alm, die mit der Hand gemolken wurden. Dann musste die Milch durch die Zentrifuge gedreht werden. Der Rahm wurde zu Butter verarbeitet, mit der Magermilch wurden die Kälbchen getränkt und Topfen gemacht. Mit der Molke wurde ein Schwein gefüttert.

Auch mussten die Almleute selbst den Almgarten heuen. Mit der Sense haben sie ein Stück nach dem anderen gemäht, gewendet und „geschlagelt". Und wenn das Heu trocken war, mit Bloachan (großen Netzen) zur Hütte getragen. Da haben natürlich alle Almleute zusammengeholfen. Sie waren sehr stolz, wenn sie schönes, duftendes Heu einbrachten, das es nicht angeregnet hatte. Wabn (Barbara), die zu Großmutters Zeiten in unserer Hütte Almerin war, erzählte einmal: „Den halben Garten hab i g'maht g'habt und so schee dürr wars auf'd Nacht. I hob de andern Oimerinnen scho eig'sagt g'habt, dass ma am nachstn Tag eitrag'n helfen. Do fangts bei der Nacht zum Donnern o. Du liabe Zeit, a G'witter! Do san ma im Hemad aussigroast und hamms no g'stiefelt (auf, Stiefln' gehängt), damit's es net so an Bodn eineschwoabt."

Auch noch als „Austraglerin", also Altbäuerin, war Therese Kolb jeden Sommer auf der Alm im Arzmoos. In den Sommerferien hatte sie regelmäßig ihre Enkelkinder mit dabei, die natürlich die Ferien auf der Alm, gemeinsam mit der Oma, sehr genossen:

Jetzt haben wir es ja schön und ich genieße die Tage auf der Alm. Meine Enkelkinder helfen fest bei der Arbeit – Stall räumen, „Leck" herrichten, Holz in d'Schupf einiricht'n. Die Blütenstände der Schmerbletschen (Ampfer) mähen wir ab, damit sie nicht wieder absamen. Die dürren Heuhechel mit den harten, spitzen Dornen rechen wir zusammen und probieren, ob die jungen Triebe nicht von den Rindern gefressen werden – wenn wir vielleicht ein bisserl „Leck" draufstreuen?

Wenn wir dann unseren Rundgang machen, bei den Tieren nachschauen, finden wir so viel Schönes und immer wieder Neues: Wir beobachten einen Fischreiher im Bach beim Fischen. Die Schwalben flitzen hin und her auf der Suche nach Mücken. Eine Gams steht am Waldrand. Und all die schönen Blumen: Knabenkraut, Pestwurz, Margeriten, Schweizerblumen, Kreuzblumen, Arnika, Akelei, Frauenmantel, Zittergras, die großen Blätter vom Lauskraut. Immer wieder jauchzen die Kinder, wenn sie ein neues Kräutlein entdecken. Besonders gefällt ihnen auch das in vielen Farben und Formen blühende Steinkraut. Auch der wilde Kümmel blüht schon. Reif wird er aber erst im August. Da werden wir uns dann welchen pflücken, er hat viel mehr Aroma als der gekaufte.

Besonders schön ist es hinten am Moorsee. Wie sich da alles spiegelt, und diese Stille! Interessant sind auch die alten Stollen, wo ganz früher Erz abgebaut wurde. Ich finde es schön, dass die Kinder so viel Freude auf der Alm haben. Vielleicht kann ich ihnen doch ein bisserl Liebe und Gespür für die Natur mitgeben? Ein altes Lied kommt mir in den Sinn:

> Wenn i auf d'Oima geh
> laß i mei Sorg dahoam.
> Mein ganzes Leid und Weh
> ist nur a Traum.

> Schau i de Bleamal o
> schwindt glei mei trüaber Sinn
> hab ja im Herzen den
> Almfrieden drin.

„Da Summa is umma" – festlich geschmückt geht's zurück ins Tal.

Aufgekranzte Almkühe zeigen einen guten Almsommer an.

Doch gar zu schnell ist der Sommer wieder vorbei. Wenn alles gut gegangen war – den Sommer über kein Tier abgestürzt oder verendet war –, dann begann meine Tante in den letzten Tagen der Almzeit immer, sich um den Schmuck der Tiere für den Almabtrieb zu kümmern.

Das Kranzkraut zum Aufbüschen holen wir meist am Traithen. Daraus wird für jedes Rind ein Kranzl gebunden. Die Tiere dürfen noch den Almgarten abgrasen. Ende Juni haben wir ihn abgemäht und Heu gemacht. Jetzt ist das Gras schon wieder schön nachgewachsen. Auf der Almweide steht nimmer viel und morgens liegt oft schon Reif, oder es schneit auch schon über Nacht. Da sind die Viecher froh, wenn sie in den Stall dürfen und gutes Heu bekommen.

Früh wird es jetzt dunkel im kleinen Hütterl. Man hat Zeit zum in sich Hineinhorchen und Spintisieren. Nebenbei mach ich Papierröserl aus buntem Seidenpapier und richte die Aufstecker her. Jetzt haben wir bloß noch Boschen oder Wedler. Früher haben wir uns da noch viel mehr Arbeit gemacht und auch Kronen, Herze und Kreuze gefertigt.

Am Tag des Abtriebs herrscht schon früh am Morgen reges Treiben im Arzmoos. Bauernschmid und Grießenbeck suchen ihre Kalmen und treiben sie in den Stall zum „Aufbüschen". Sie haben immer sehr viele und schöne Aufstecker und werden beim Abtrieb über die Tatzelwurmstraße sehr oft fotografiert.

Bald kommen auch unsere Leute mit Traktor und Wagen, auf dem das Brennholz für unsere Hüttenpächter ist. Nach dem Abladen wird Brotzeit gemacht. Wir schauen noch zu, wie sie beim Grießenbeck und Bauernschmid das Vieh lostreiben, dann büschen auch wir auf und lassen die Tiere aus dem Stall. Wast geht voraus und lockt. In einer Reihe folgen ihm alle nach. Erst haben wir immer gleich die steile Leite hochgetrieben, aber oft haben die Kälber umgedreht und wollten nicht rauflaufen. Jetzt gehen sie die Reibe aus – vor zur Krappenhütte und die Straße hoch – und die Tiere gehen willig nach.

Klaus räumt inzwischen den Stall. Ich wische noch mal die Hütte durch. Dann wird der Wagen beladen: Bettsäcke, Kleidertruhe, übriggebliebene „Leck" und Salz und die Kuhketten. Die Fensterläden werden geschlossen und das Hütterl versperrt. Ein letzter Blick zurück, und wir fahren los.

Da Summa is umma
muaß i obi ins Toi.
Pfüat di God mei liabe Oima,
pfüat di God tausendmoi.

Sche staad is scho worn,
koa Vogerl singt mehr.
Und es waht scho der Scheewind
vom Wendlstoa her.[46]

Arzmoosalmen

Ausgangspunkt: Großer Parkplatz an der Queralpenstraße (Sudelfeld)

Gehdauer: 0,5 Stunden

Höhe: 1.000 Meter ü. NN

Einkehrmöglichkeiten: Auf den Almhütten im Arzmoos gibt es keine Gästebewirtung.

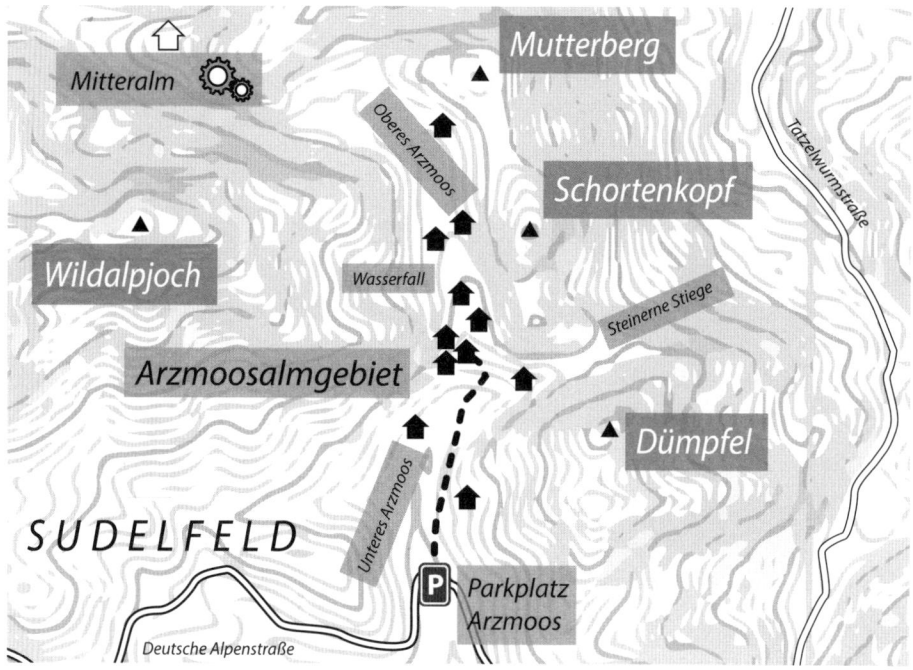

Von Wildschützen, Jägern und Sennerinnen

Auch die folgende kleine Geschichte stammt von meiner Tante Therese Kolb. Neben ihrer Arbeit auf dem Hof oder im Sommer auf der Alm hat sie immer gerne Geschichten gesammelt und aufgeschrieben.

Herbst auf der Alm

Still ist es geworden auf der Alm. Die vielen Wanderer und Touristen, die den Sommer über die Berge lärmend überfluten, sind wieder in die Stadt zurückgekehrt. Wenn jetzt Besuch auf die Alm kommt, ist er herzlich willkommen. Entweder sind es Bauersleut, die jetzt im Herbst auch ein bisserl mehr Zeit haben. Oder echte Bergfreunde, die Rast bei der Hütte machen und sich zu ihrer Rucksack-Brotzeit ein Glasl Milch schmecken lassen.

Auch die Sennerin hat es jetzt leichter. Solange das Wetter schön ist, kann das Vieh Tag und Nacht draußen bleiben. Der Jäger kehrt fast jeden Tag der Hütte zu; er geht Hirschen nach, die jetzt ihre große Zeit haben. Jede Nacht schreien und röhren sie, und grad vor der Hütte haben zwei gerauft, dass grad so die Fetzen geflogen sind. Ganz stolz steht der Sieger da und schreit dem Besiegten nach, der schnell davon springt. Jede Nacht kommt er, von der Schneid herabziehend, und stellt sich wie eine Schildwache vor die Hütte. Ein Zwölfender ist es, ein prachtvoller Bursche. Die Sennerin hat ihn direkt ins Herz geschlossen. „Prinz" nennt sie ihn bei sich.

Umso erschrockener ist sie, als der Jäger eines Tages so nebenbei meint: „Morgen kommt der Jagdherr, der möchte den Zwölfender schießen, der immer über die Schneid her wechselt." Die Sennerin ist ganz durcheinander, und als am Abend der alte Senn von der Nachbaralm kommt, jammert sie: „Stell

dir vor Peter, jetzt möchten's meinen Prinz schießen, das darf doch gar ned sei, wenn ich bloß was dagegen tun könnt." „Ja Dirndl, liegt dir denn gar so viel an dem Vieh?", fragt der Alte. „Oh ja, er ist doch so schön und tuat grad, als wenn er zur Hütte gehörte."

Da geht ein verschmitztes Lächeln über die verwitterten Züge des alten Peter, er sagt aber nix. Bald richtet er sich zum Heimgehen, und unter der Tür sagt er noch so nebenbei: „Geh, sei doch so guat und tua mir morgen früh einen Liter Milch weg, i hob richtig Appetit auf a Millisupp'n, weißt ja, dass i bloß Koima heroben hab." Sie verspricht es und denkt bedrückt an den armen Prinz, der heute Nacht wohl zum letzten Mal kommen wird. Oben auf der Schneid lauern sie ihm auf!

Hinter den Bergen kündigt sich schon das erste Morgenlicht an, als sich Prinz hangwärts wendet und langsam auf die Schneid zuzieht. Bangen Herzens wartet das Dirndl auf den Schuss. Sie hat aber ned lang Zeit zum Lusen, die Kühe müssen gemolken werden. Unter die Milch mischen sich heut auch ein paar Tränen. „Mein armer Prinz, ned einmal g'hört hab ich, wie du gestorben bist."

Da kommen Schritte den Hang herab, die Spitze eines Bergstocks klirrt am Stein, und der alte Peter schaut lachend zur Stalltür rein: „Na Dirndl, hast scho a Milli für mi? Gib mir's nur grad glei, i muaß schnell wieder weiter." Er, der sonst so gern a wengerl plauscht, verschwindet verdächtig schnell.

Bald darauf kommen der Jäger und der noble Jagdherr und setzen sich mit finsteren Gesichtern an den Tisch vor der Hütte. Die Sennerin ist aber auch grad ned freundlich, schweigend stellt sie eine Schüssel Milch vor sie hin. Der Jäger aber poltert los: „Ja sag mal Dirndl, was für ein Kerl ist denn heut schon

Ein Jäger auf der Lechneralm

bei dir gewesen? Hat uns der Lump doch den Hirsch verjagt mit seinem Pfeifen." Da ging ihr ein Licht auf, und sie hatte Mühe, ein Lachen zu unterdrücken. Guter alter Peter![47]

Jäger und Jagdherren waren öfter auf den Almen unterwegs. Nicht immer unbedingt gerne gesehen, wie aus dieser Geschichte hervorgeht. Ganz anders klingt das in den vielen alten Jäger- und Wildschützen-Liedern. Darin geht es meist um die Sennerin in der Rolle der Geliebten eines Jägers oder als heimliche Verbündete eines Wilderers. So auch in den folgenden Zeilen aus dem Lied „Im Gamsgebirg":

Junger Bursch beim Füttern eines verwaisten Rehkitzes, das mit der Flasche aufgezogen wurde. Gewehr und Weidsack des Jägers hängen hinter ihm an der Wand.

Die Bergregion um den Wendelstein war früher auch ein beliebtes Revier für Wilderer aus Bayrischzell und dem nahen Tirol.

Hiatzt geh i auf die Alma,
Wo's viele Gamserl geit,
I hab ja mit mein Stutzerl
A saggrische Freid.

Die Sennerin is a Madl
Wia Milli und wia Bluat,
Sie liebt die frisch'n Jaga
D'rum is' a mir so guat.[48]

Die Bedeutung der Sennerin für die einstige bäuerliche „Wilderer-Kultur" hat der Wiener Professor für Soziologie Roland Girtler auf den Punkt gebracht: „In den Wildschützenliedern ist die Sennerin eine prächtige Figur, die für den Wilderer Speise, Trank und sehr oft auch ein wohliges Bett bereithält."[49] Er beschreibt den Wildschütz als Symbolfigur und Held der kleinen Leute, als Verkörperung einer alten Kultur, die einmal typisch für das bäuerliche Leben im Gebirge war. Die Bauern existierten über Jahrhunderte hinweg in Abhängigkeit von ihren Grundherren, zum Teil in bitterer Armut. Sie sahen es als ihr natürliches Recht an, im Gebirge auf die Jagd zu gehen und ihren kargen Speisezettel manchmal durch Wilderei aufzubessern. Der Wilderer war für die einfachen Leute eine Art „Robin Hood" der Berge, der dementsprechend in Liedern und Geschichten verherrlicht wurde. Und in dieser romantischen Vorstellung hatte eben auch die Sennerin einen gewichtigen Part.

Worin dieser Part genau bestand, wie wichtig die Sennerinnen für das Wilderer-

tum also tatsächlich waren, soll ein sehr alter Wilderer einmal so erklärt haben:

Früher waren auf den Almen überall Sennerinnen. Die haben oft Bescheid gewusst, ob Jäger unterwegs sind. Die Wilderer sind schwoagen (von Schwoagrin = Sennerin) gegangen und sind oben (auf der Almhütte) geblieben. Der Wilderer hat bei der Schwoagrin übernachtet. Und wenn er etwas geschossen hat, so hat er es bei ihr in der Hütte versteckt. Aber auch vor dem Jäger ist er bei der Sennerin versteckt gewesen. Die Alm war der Stützpunkt.[50]

Doch nicht nur von den Wilderern bekamen die Sennerinnen Besuch. Jäger und Gendarmen, die über die engen Verbindungen am Berg Bescheid wussten, durchsuchten bei ihren Nachforschungen nach Wilddieben als erstes natürlich die Almhütten. Denn sie verdächtigten die Sennerinnen – manchmal wohl nicht zu Unrecht –, mit den Wilderern zusammenzuarbeiten.

Auch wenn Liebesbeziehungen zwischen Wilderern und Sennerinnen in Wirklichkeit vermutlich seltener vorkamen, als die zahlreichen Lieder vermuten lassen, hat es auch das sicher gegeben. Vielleicht hat sogar manchmal ein junger Bauernbursche oder Holzknecht auch nur deshalb zu wildern angefangen, weil er meinte, so als mutiger Draufgänger beim weiblichen Geschlecht besser anzukommen oder seiner Angebeteten imponieren zu können.

Anna Reiter

„Wenn die Holzknechte Feierabend machten,
schallte immer ein froher Juchezer vom Bichler Michi zu mir herüber.
Abends holten sie Milch bei mir und wir hielten einen kleinen Ratsch.“

Anna Reiter wurde 1928 geboren, als das fünfte von insgesamt zehn Kindern des „Krappen-Bauern" in Brannenburg. In ihrer Jugend arbeitete sie drei Sommer als Sennerin auf einer Alm im Arzmoos. In demselben Almdorf also, in dem auch die Brunnthaler-Almhütte steht, auf der meine Tante Therese Kolb später Sennerin war. Zu jener Zeit arbeitete Anna Reiter bereits im Kampen-wandgebiet auf verschiedenen Almen. Über 30 Jahre war sie dort Sennerin, davon 27 Jahre auf der Sameralm. Diese Alm gehörte damals der Justizvollzugs-anstalt Bernau am Chiemsee und hatte bei den Einheimischen daher auch den Namen „Gefängnisalm". Seit 1993 ist Anna Reiter im wohlverdienten Ruhestand.

Schon als Schulkind war ich öfter auf der Alm meiner Eltern im Arzmoos. 50 Jahre lang war meine ältere Schwester Marie dort oben Sennerin. Früher gab es ja viel mehr Arbeit auf der Alm als heute, weil fast das ganze Milchvieh droben war. Es blieben höchstens vier Milchkühe daheim im Stall. So gab es viel zu melken, zu buttern, und auch Käse haben wir gemacht. Oft haben die Kühe oben auf der Alm ihr Kalb bekom-men. Durch das viele Gehen waren die Kühe gut trainiert und bei der Geburt ging meistens alles gut.

Wir haben so manches neugeborene Kalb vom Schreckenkopf heruntergetragen zur Alm. Das war eine Plagerei! Das Kalb wollte einfach nicht im Schwingl (geflochte-ner Weidenkorb) bleiben und wir meinten fast, die Arme brechen uns dabei ab. Einmal hat uns eine Kuh sogar mit Zwillingen überrascht. Sie waren frisch und munter und hatten schon beide bei ihrer Mutter getrunken und sich gestärkt, als wir sie fanden. Natürlich haben wir uns darüber sehr gefreut. Man hatte früher ein sehr viel herz-licheres Verhältnis zum Vieh als heute. Man hat vom Vieh gelebt und mit dem Vieh.

Aber ich kann eigentlich nicht sagen, dass ich als Kind gerne auf der Alm war. Es war mir immer zu eintönig und ich hatte Zeitlang (Heimweh) nach dem Dorf. Ich war immer froh, wenn ich wieder heim durfte. Aber meine Schwester Marie, die war, seit sie nach der siebten Klasse aus der Schule kam, schon in jungen Jahren mit Leib und Seele Sennerin. Und sie blieb es, solange es ihre Gesundheit erlaubte. Sie ist früher auch noch mit der Buttn (Holzschaff mit Lederriemen und Deckel) zum Melken auf die Almweide gegangen.

Als ich aus der Schule kam, wurde ich zunächst Sennerin im Arzmoos auf der Grießenböckalm, ganz in der Nähe meiner Schwester. Ich brachte es aber nur auf drei Sommer dort. Das Arzmoos ist eine Genossenschaftsalm mit mehreren Hütten und Bauern, die dort im Sommer ihr Vieh gemeinsam droben haben. Es gibt nur wenige Zäune, aber trotzdem gab es damals strenge Regeln, wo sich die Tiere aufhalten

Beim Heuen im
Arzmoosalmgebiet,
um 1955:
„Eigentlich wollte
ich mich nicht so
fotografieren lassen,
mit dem schweren
Heuballen", erzählt
Anna Reiter zu
dem Bild.

durften. So durfte zum Beispiel mein Vieh nicht über den Bach zum Grasen. Und wenn das Vieh einer anderen Sennerin auf meiner Weide graste, musste ich es zurücktreiben. Das hat mir alles nicht so gut gefallen.

Im Winter habe ich eine Arbeitsstelle zum Putzen im Internat auf Schloss Neubeuern angenommen. Das habe ich mehrere Jahre lang gemacht. Es war eine gute Zeit dort, ich hatte liebe Kolleginnen, mit denen ich mich sehr gut verstanden habe. Aber leider haben die meisten nach und nach geheiratet und es war nicht mehr so wie früher. Als ich 25 war, kam bei mir der Gedanke auf, wieder auf eine Alm zu gehen.

Aber wohin? Ich bekam ein Angebot für eine Alm im Kampenwandgebiet. Das ist eine Gegend, die mir damals ganz fremd war. Ich kannte die Kampenwand nur vom Hörensagen. Wir sind als Kinder ja nie auf andere Berge gekommen. Wir kamen immer nur auf unsere eigene Alm, mussten den Butter dort holen, wenn während der Ernte von den Erwachsenen niemand Zeit dafür hatte.

Dass man nicht auf eine Alm geht, ohne sie vorher gesehen zu haben, war eigentlich selbstverständlich. Auch meine Mutter hat darauf gedrängt, dass ich sie mir vorher anschaue. Also machte ich mich im Frühjahr auf die Suche. Aber das war gar nicht so leicht und ich fand die Alm auch nicht. Der Bauer hatte zu mir gesagt, sie heiße „Stockalm". Aber sie hieß in Wirklichkeit „Voggalm". Und ich glaube, er hat mich bewusst angeschwindelt. Hätte ich die Alm vorher gesehen, wäre ich nie hinaufgegangen, denn sie war in keinem guten Zustand.

Ich bin zweimal auf die Suche gegangen und war immer ganz nah dran. Einmal konnte ich mit jemandem mit dem Auto nach Aschau mitfahren, das andere Mal bin ich von Brannenburg aus mit dem Radl hingefahren. Der Hausmeister auf Schloss Neubeuern stammte aus Frasdorf, er kannte sich ein wenig aus und beschrieb mir den Weg zur Maisalm. Aber auf der Maisalm, wo ich nach dem Weg hätte fragen sollen, war noch niemand droben. Also ging ich weiter auf die Sameralm, aber auch da war noch niemand.

So stand ich auf der Sameralm und schaute hinüber zur Voggalm. Was ich dann viele Jahre später noch 27 Sommer lang getan habe. Nur wusste ich damals nicht, dass es die Voggalm war, die ich sah. Ich dachte mir nur: Mein Gott, ist das eine arme Alm. Wie ein Schwalbennest ist die Hütte an den Berg hingepappt! Heute steht sie ganz anders da, neu und andersherum. Mir blieb nichts anderes übrig, als wieder heimzufahren mit dem Radl, ohne die Alm gefunden zu haben, auf die ich kommen sollte.

Der Almauftrieb kam näher und einen Tag davor holte mich der Bauer mit dem Auto ab. Wir fuhren über Aschau nach Gschwendt, stellten dort den Wagen ab und gingen hinauf zur Alm. Ich fragte den Bauern unterwegs, ob er den Schlüssel für die Almhütte dabei habe. Nein, hatte er nicht, und den brauchte er auch nicht. Denn es ging auch ohne Schlüssel. Ein fester Ruck, die Tür gab nach und drinnen waren wir. Der Bauer meinte: „Du kannst ja gleich dableiben." Nein, ich wollte keinen Tag länger als nötig auf dieser Alm sein! Aber zurück konnte ich auch nicht mehr, einen Tag vor dem Almauftrieb, das wusste ich. Der Bauer tröstete mich. Er merkte schon wie's mir ging, weil ich so still war, und machte mir Mut. So bin ich halt wieder mit hinunter gefahren ins Tal zu seinem Hof.

Als wir dann am andern Tag rauf sind, war es ein wenig leichter, weil das Vieh dabei war. Ich hatte 31 Stück, darunter waren zwei Milchkühe für mich. Die Milch gehörte mir und den Kälbern. Die Alm gehörte fünf Bauern gemeinsam. Jeder von ihnen sollte mich drei Wochen verpflegen. Wenn das manchmal nicht so klappte, so verkaufte ich halt Butter drunten im Tal. Die Wirtin von Gschwendt hat ihn gerne genommen und damals hat man dafür noch gutes Geld bekommen, im Gegensatz zu heute.

Auch wenn es doch noch ein glücklicher Sommer geworden ist, es lag doch einiges im Argen auf dieser Alm. Besonders wegen dem fehlenden Wasser. Ich konnte mir mein Wasser vom Brunnen einer benachbarten privaten Hütte holen. Aber für das Vieh waren die Wasserstellen auch recht knapp. Gerade, dass es reichte und der Regen immer zur rechten Zeit kam.

Jahre später auf der Sameralm, da wurde das Wasser einmal so knapp, dass ich fast nicht mehr essen und schlafen konnte aus Sorge ums Vieh. Ich bin von einer Wasserstelle zur anderen gelaufen, aber überall tropfte es nur noch. Es ist hart zum Zuschauen, wenn das Vieh auf jeden Tropfen Wasser wartet und Durst leiden muss. Die Hänge wurden ganz gelb und Risse gab's in der Erde, jeden Tag mehr. Man schaute täglich zum Himmel und wartete verzweifelt auf den Regen. Damals habe ich mir geschworen, nie mehr zu jammern, wenn's mal wieder nicht zu regnen aufhört. Trockenheit ist viel schlimmer!

Verdiente Rast vor der Hütte der Schmidalm

Im Herbst fragte mich der Schmidbauer, ob ich nicht auf seine Alm gehen möchte. Er bräuchte eine neue Sennerin, weil seine alte es aus gesundheitlichen Gründen nicht mehr machen könne. Sie hatte viele Sommer bei ihm gearbeitet. Zu dieser Zeit war das Almpersonal sehr knapp. Die Almen waren auch noch nicht so gut erreichbar wie die meisten heute. Beim Schmid haben sie eine schmucke Hütte, direkt unter der Gedererwand, ganz nah am Waldrand. Ich sagte ihm schließlich zu.

Auf dieser Alm hatten sie sehr viel Milchvieh oben. Die Weide war gut, weil es Südhänge sind, und die Kühe gaben entsprechend viel Milch. Das Vieh wurde immer schon kurz nach Ostern aufgetrieben und sechs Wochen im Stall mit Heu gefüttert. Im Frühjahr hat's schon noch oft Schnee gegeben, aber das war kein Problem, wenn man genug Heu hatte. Nur einmal ging das Heu aus und draußen auf der Weide war noch nichts gewachsen, weil's so kalt war. Das war nicht leicht fürs Vieh und für mich.

Ich habe jeden Tag gebuttert und jeden Freitag bin ich dann mit bis zu 30 Kilo Butter im Rucksack nach Aschau hinuntergegangen. Dorthin kam der Bauer und wir wechselten die Rucksäcke. Der Schmidbauer fuhr wieder heim nach Wildenwart, ich ging mit meinem Rucksack voll Proviant – Brot, Mehl und Eier – zurück auf die Alm.

Ganz in der Nähe der Schmidalm war auch eine Holzknechthütte. Ich konnte vom Stall aus hinüberschauen. Wenn die Holzknechte Feierabend machten, schallte immer ein froher Juchezer vom Bichler Michi zu mir herüber. Abends holten sie Milch bei mir und wir hielten einen kleinen Ratsch. Sie waren immer gut aufgelegt. Trotz ihrer schweren Holzknechtarbeit haben sie mir geholfen, wenn es mal nötig war und ich als Weibsleut allein nicht genug Kraft hatte. Als dann später die Straße gebaut wurde, sind sie alle Tage heimgefahren. Für die Holzknechte war's ja gut, daheim gab's ein gutes Bett und keinen Strohsack. Und kochen brauchten sie sich auch nichts mehr selbst. Aber ich fand's schade.

Eines Tages war ich mal gerade dabei, einen Schubkarren voll Gras zur Hütte hinauf zu schieben. Ich machte das immer, wenn die Weide im Herbst knapp wurde. Da kam der Schmidbauer mit Gästen, sie wollten die Alm besuchen. Eine der Frauen meinte scherzend zu mir, ich käme einmal bestimmt nicht in den Himmel. „Warum?", hab ich sie gefragt. Ja, weil ich es jetzt schon so schön da heroben hätte, meinte sie. Da habe ich sie gleich gebeten, ob sie nicht so gut sein möchte, mir den Schubkarren hinaufschieben zu helfen. Aber sie hat den schweren Karren mit dem Gras nicht einmal in die Höhe gebracht. Ja, die Stadtleute!

Oben auf der Hütte haben wir das Thema dann fortsetzen können. Der Himmel, von wegen! Aber natürlich ist es schön auf der Alm. Vor allem im Frühjahr, wenn alles *so wunderschön blüht. Auf dem Weg hinüber zur Maureralm, da wuchs zwischen den Steinen eine Alpenflora – kein Gärtner hätte das schöner anlegen können.*

Gegen September aber, wenn der Almsommer zu Ende ging, gefiel es mir schon nicht mehr so gut auf der Alm. Es war nicht leicht für mich, im Winter immer wieder eine passende Arbeitsstelle zu finden. Solange ich auf der Alm war, hatte ich ja auch keine Zeit und Gelegenheit, mich darum zu kümmern. Einmal fand ich im Winter Arbeit auf Schloss Wildenwart. Ich habe dort gekocht für die Prinzessin Helmtrud von Bayern, die Tochter des letzten bayerischen Königs. Ihre Köchin war damals im Krankenhaus. Es waren auch noch eine Sekretärin, ein Zimmermädchen und ein Diener da, alles alte Leute. Die Prinzessin Helmtrud habe ich gerne gemocht, sie war eine bescheidene, nette Frau. Aber ihre Sekretärin! Die hat sich manchmal aufgeführt, als ob sie selbst die Prinzessin wäre.

Mehrere Winter habe ich auch im Schloss in Brannenburg geputzt, das schon damals ein Internat war. Es waren so über 90 Buben dort und ich hatte ihre Schlafräume zu reinigen. Wie habe ich da die Wochen und Tage bis zur Almfahrt gezählt! Die Viecher waren mir dankbarer, wenn ich gut zu ihnen war, als die Buben, von denen viele nicht gerne im Internat waren. Dort fühlte ich mich viel einsamer als auf der Alm.

Froh war ich immer, wenn der Winter vorbei war. Von Lichtmess an habe ich die Tage gezählt. Die Sehnsucht nach der Alm und dem Vieh hat mich über die dunkle Zeit gebracht und ich freute mich jedes Jahr wieder auf den Sommer. Im Zuhäusl daheim habe ich mir mit viel Geld eine Wohnung hergerichtet für die Winter. Ich habe sie nach meiner Heirat, als ich sie nicht mehr brauchte, meiner Schwester Betty gegeben.

Geheiratet habe ich erst mit 50. Dass ich noch einmal heiraten würde, daran habe ich selbst nicht geglaubt. Mein Mann Sepp war Witwer und hat früher in der Justizvollzugsanstalt Bernau als Schlosser gearbeitet. Seine erste Frau war auch Sennerin und eine frühere Almnachbarin von mir. Er ist immer nach der Arbeit zu seiner Frau auf die Alm gekommen. Und als sie nicht mehr auf die Alm ging, haben mich beide oft besucht. Seine Frau starb schon früh an einem Schlaganfall. Als mir die JVA anbot, die Sameralm als Pächterin zu übernehmen, habe ich ihn gefragt, ob er mir helfen möchte. Dazu war er gerne bereit, denn er war ja ebenfalls gerne auf der Alm und fühlte sich nach dem Tod seiner ersten Frau sehr einsam. Für sein Asthma war die Alm auf über 1.000 Metern Höhe auch ein guter Ort. So haben wir beide zueinander gefunden.

Dass ich auf die Sameralm als Sennerin kam, war ein großes Glück. Das habe ich auch der ersten Frau meines Mannes zu verdanken. Dafür bin ich ihr ewig dankbar! Sie dachte ans Aufhören und sagte zu mir: „Das wäre doch was für dich, schon wegen

Heimwärts geht's von der Sameralm
mit Glockenkuh „Mogl".

der besseren Bezahlung." So hat sie mich bei der Justizvollzugsanstalt empfohlen und meine Adresse dort abgegeben.

Diese Zeit in meinem Leben möchte ich nicht missen. Als ich das erste Mal 1958 oben auf der Sameralm stand auf der Suche nach der Voggalm, wusste ich noch nicht, dass mir die Sameralm einmal zur Heimat werden würde. Auf der Voggalm habe ich dann oft neidisch zur Sameralm hinübergeschaut, wo die Leute so viel Heu machten und Gras in Hülle und Fülle vorhanden war. Und jetzt durfte ich auf diese schöne Alm!

Zur Strafanstalt hat viele Jahre die Sameralm, später auch die Voggalm und die Alm auf dem Ranken gehört, wo an die 300 Schafe gegrast haben. Gefangene haben auf diesen Almen fleißig mitgeholfen. Sie haben Zäune gemacht, für Holz und für Heu gesorgt. Ein Beamter war immer als Bewacher dabei. Auf der Sameralm haben sie lange Klaubsteinmauern errichtet, rechts und links von der Weide oberhalb der Hütte, dort wo ein steiler Abhang ist. Die Steine dafür wurden von der Weide geholt und zusammengetragen. Man kann die langen Steinwälle heute noch sehen.

Während der Anfangszeit, als ich bei der JVA als Sennerin angestellt war, hat ein Herr Max Maier das Kommando über die Gefangenengruppe gehabt. Sie waren im Forsthaus Aigen einquartiert. Ich kam immer gut zurecht mit den Gefangenen. Wenn man die ganze Woche oben alleine war mit den Leuten, war das schon wichtig. Da waren keine Schwerverbrecher dabei. Wer auf die Alm zum Arbeiten geschickt wurde, hatte den Großteil seiner Strafe auch meistens bereits abgesessen.

Einmal war Max mit seinen Leuten gerade beim Heuen unten am ehemaligen Forsthaus. Da kamen Wanderer vorbei und fragten ganz verwundert, wie das heute noch möglich sei, dass ein Bauer sich so viele Knechte leisten könne. Das hörte einer der Gefangenen, der ganz bestimmt nicht auf den Mund gefallen war, und erwiderte: „Wir sind keine Knechte, sondern Senner von den umliegenden Almen." Aber weil der Aufpasser eine Uniform trug und eine Schusswaffe hatte, fragten sie, wozu er das alles brauche. „Ja, hier herrscht die Tollwut so stark, darum die Waffe", war die Antwort. Ich weiß nicht, ob die Urlauber es wirklich geglaubt haben. Auch beim Aufbüschen vor dem Almabtrieb haben mir die Gefangenen immer geholfen. Es ist sehr schade, dass man der JVA die Alm genommen hat, finde ich.[51]

Leider wurden die Sommer auf der Sameralm in den 1970er Jahren immer kürzer, weil das Futter im Herbst nicht mehr ausreichte. Denn das Wild wurde immer mehr auf der Alm. Bis zu 22 Hirsche zählte ich einmal. Sie fraßen dem Vieh das Gras weg, sodass wir im Herbst früher ins Tal treiben mussten. Die Alm ist von Wald umgeben und es ist sehr ruhig dort. Das ist ideal für das Wild. Manchmal kamen die Hirsche schon tagsüber aus dem Wald zum Grasen. Eine Frechheit! Ich habe mich ein paar Mal beim Jäger beschwert. Aber wenn's um seine Hirsche ging, da hörte er schlecht. Wenn ich ehrlich bin, ich konnte keine Hirsche mehr sehen. Als sie dann auch im Bergwald immer größere Schäden anrichteten, weil sie die Rinde von den Bäumen schälten, wurden endlich wieder mehr geschossen.

Eine frühere Sennerin von der Voggalm, die Schlosser Hanni, hat mir einmal die folgende Geschichte erzählt. In aller Herrgottsfrühe kam ein Mann von oben auf die Hütte zugelaufen und bat sie: „Versteck mich, der Jäger ist hinter mir her!" Er war ganz verzweifelt. In seiner Not hat er ihr leidgetan. Im Stall war eine kleine Öffnung im Boden, ganz vorne beim Futterbarren, wo das Vieh angehängt wird und darauf gestanden ist. Dort hatten sie im Winter das Werkzeug untergebracht. Da steckte sie den Mann hinein. Als der Jäger kam und nach dem Mann fragte, sagte sie nur: „Ja, der Wilderer, der ist vorn zur Hüttentür rein und hinten bei der Stalltüre wieder raus." Er glaubte ihr nicht und durchsuchte die ganze Hütte und den Heuboden. Mit seinem spitzen Stock durchstöberte er das Heu, fand aber nichts. Später, als der Jäger weg war und sie den Mann wieder aus seinem Versteck befreit hatte, meinte sie nur: „Probier das bloß nie wieder, so was mache ich kein zweites Mal." Aber er hatte wirklich aus Hunger gewildert. Es war während der Kriegszeit, und da herrschte große Not.

Auf der Alm ist es nicht so einsam, wie man immer denkt. Es sind ja immer wieder Leute vorbeigekommen. Wunderschön war es, sich abends mit anderen Sennerinnen zu treffen. Wir haben uns öfter untereinander besucht. Oft ist auch mal etwas gefeiert worden. Oder wir sind zum Kaffeetrinken vor einer der Almhütten zusammengekommen. Dann die Berggottesdienste auf der Alm, die waren immer besonders schön! Ich hätte nie gedacht, dass ich einmal so alt werden würde. Das habe ich ganz bestimmt den vielen Sommern auf der Sameralm zu verdanken. Es war ja doch eine schöne Zeit, auch wenn's viel Arbeit war![52]

Sameralm

Ausgangspunkt: Wanderparkplatz Kohlstatt, Aschau

Gehdauer: 1,5 Stunden

Höhe: 1.000 Meter ü. NN

Einkehrmöglichkeiten: Maisalm (1 Stunde Gehzeit, ganzjährig bewirtschaftete Hütte). Auf der Sameralm ist seit Sommer 2014 die Bewirtung offiziell eingestellt (Stand Sommer 2017).

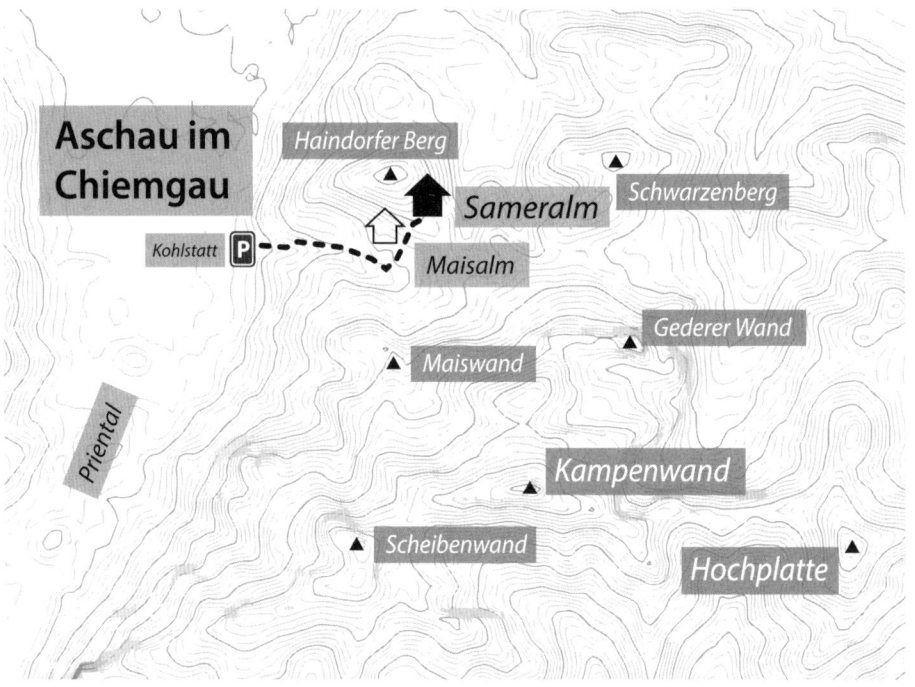

„Aba lusti san ma g'wesn"

Das „Almengehen" scheint bei den jungen Leuten auf dem Land als Freizeitbeschäftigung schon immer beliebt gewesen zu sein: Die Dorfjugend ging an den Sonn- und Feiertagen gemeinsam auf eine Alm, um dort fröhlich zu feiern. Ein Brauch, den es offenbar schon vor fast 500 Jahren gab. Das kann man aus einem „aktenkundigen" Vorfall schließen, der sich am Sonntag nach dem „Margarethentag" – das ist der 20. Juli – im Jahr 1547 ereignet hat. Zahlreiche junge Burschen aus den umliegenden Orten trafen sich auf der Oberwieser Alm, die zum Herrschaftsgebiet Hohenaschau gehörte, mit den Sennerinnen der benachbarten Almen. Pfeifer und Trommler spielten zum Tanz auf, wie schon mehrere Sonntage vorher. Und das, obwohl „Tanzlustbarkeiten" wegen kriegerischer Unruhen und dem Tod der Kaiserin – gemeint ist Anna von Böhmen und Ungarn, die Gemahlin des Habsburgers Friedrich I. – von der Obrigkeit offiziell verboten worden waren.

Alte Gerichtsakten berichten anklagend, dass es wie auf einer Hochzeit zugegangen sein soll – bis 14 bewaffnete Gerichtsleute von Hohenaschau dem Vergnügen ein Ende bereiteten. Alle 64 anwesenden Burschen, davon 22 aus Erl, 28 vom Samer-

Besucher auf der Lechneralm

„Aba lusti san ma g'wesn"

140

berg und 14 aus Frasdorf und Aschau, wurden aufgeschrieben, die Hütten durchsucht und Waffen beschlagnahmt. Pankraz von Freyberg, der damalige Herr auf Hohen-aschau, begründete die Festnahmen unter anderem damit, dass in den Bergen so viel gewildert werde. Und er beschuldigte die jungen Burschen, dass sie „etliche Feiertäg getanzt, dazu mit vielen Büchsen, Hellebarden und anderen verbotenen Wehren unter Versäumung des Gottesdienstes zu schießen angefangen, jagende Hunde mit sich geführt und [...] allerhand Unzucht gebraucht mit den Töchtern der Almfahrer und den Ehehalten [...]".[53] Außerdem sollen sie den Sennerinnen die Lebensmittelvorräte weggefressen und sie so in ihrer Arbeit auf der Alm behindert haben.

Recht lustig ging es also manchmal auf den Almen zu, es wurde gesungen, musiziert und getanzt. Ganz so, wie es im Lied vom „Annamirl auf da Alm" heißt, das auch der berühmte Volkssänger Kiem Pauli zum Besten gegeben hat:

Aba lusti san ma gwesn,
aba nobi hats uns gfalln,
guate Müasl hamma gessn,
bei da Annamirl auf da Alm.
Große Hirscherl schiaß ma nieder,
guate Gamsböck aa danebn,
und im Sommer gehn ma wieder
zu da Annamirl, wann ma lebn.

Schuhplattelnde Burschen auf der Mitteralm, vor 1940

Mit Ziach und Zither vor der Marterer-Hütte auf der Mitteralm unterm Wendelstein. Sonntags wurde gern Musik gemacht auf den Almen.

Bei diesen Burschen zu Besuch auf der Mitteralm (in den 1920er Jahren) handelte es sich um Theologiestudenten aus München. Ein Bruder der Sennerin wurde Pfarrer.

Besuch bei Sabina Bichler

Ein Ausflug auf den Gipfel des Wendelsteins: Die Sennerin Sabina Bichler (im Dirndl mit weißer Schürze) gemeinsam mit Freunden in den 1930er Jahren

In Lentners „Bavaria" ist auch vom eintönigen Alltag auf den Almen die Rede, weshalb Besuche aus dem Tal die „Glanzpunkte des Lebens" für die Bewohnerinnen gewesen sein sollen. Auf den Hütten habe man meist ledige Burschen beim Werben um die Sennerin angetroffen – oder gleich ihren Liebhaber, denn „was ein frischer Bub ist, läuft mindestens einmal die Woche, gewöhnlich Samstag abends zu seinem Dirndl auf die Alm".[54] Dazu kamen die Holzknechte und Jäger der Umgebung, wobei letztere, nach Lentner, gern gesehene Gäste waren. Insgesamt geradezu eine männliche Belagerung, die aber nicht zu größerem Sittenverfall geführt haben soll als andernorts, denn: „In manchen Kasern im Berchtesgadener Land wohnen

regelmäßig immer zwei Sennerinnen zusammen, und somit dient die eine der andern zur Aufsicht."[55]

Lentner schrieb um 1850 über das rege Leben auf den Almen. Das „Z'Oima-gehen" war aber auch noch 100 Jahre später, also bis in die Nachkriegsjahre hinein, bei der Dorfjugend üblich. In den 1950er Jahren nutzten die Burschen und Mädchen aus dem Tal gemeinsam die Almen intensiv

zum Feiern, auch in den Bergen im Salzburger Land:

Im Sommer gab's bei den Naturfreunden immer einmal einen „Almblitz". Dafür wurde ein guter Ziehharmonikaspieler engagiert, und es wurde getanzt bis in den Morgen. Nachher legten sich alle für ein Weilchen ins Heu, und anschließend gab's noch eine Wanderung zu einem kleineren Gipfel. In meiner

Zu Besuch auf der Mitteralm: in Tracht, wie es sich damals gehörte

Diese beiden Almerinnen haben sich immer gut vertragen: Meil-Sabina und Meil-Resei auf der Mitteralm.

Jugend ging die Almwirtschaft schon stark zurück, aber noch in den fünfziger Jahren gab es im Sommer fast jedes Wochenende Tanz auf den verschiedenen Almen. Das war für die jungen Leute das Sommervergnügen, und sie nahmen dafür gerne stundenlange Wege in Kauf.[56]

Je stärker Einsamkeit und Gefahren drohten, umso mehr wurden Geselligkeit und soziales Miteinander von den Sennerinnen geschätzt. In der Vergangenheit sorgte außerdem die insgesamt größere Zahl an Almhütten dafür, dass das Leben in den Bergen nicht gar so einsam war. Es gab noch viel mehr Almsiedlungen als heute. Gewöhnlich standen wenigstens drei, vier Hütten nahe beieinander, und kaum eine Almhütte war ganz ohne Nachbarhütte weit und breit. Viele dieser Almen wurden erst nach dem Zweiten Weltkrieg aufgelassen, also aufgegeben.

So einsam, wie manche sich das heute gerne vorstellen, war das Leben auf der Alm also auch früher nicht. Nicht nur

Durch keinen „Neid" zu entzweien: Resei und Sabina

Besucher aus dem Tal sorgten für Abwechslung, die Sennerinnen besuchten sich auch gerne untereinander: Sie kamen zu einem sogenannten „Almhoagascht" oder „Almhoagartn" (Heimgarten) zusammen. Eine besondere Gelegenheit dazu bildeten die Abende, wenn die Sennerinnen sich in einer Hütte versammelten, um den „Aufkranz"-Schmuck für den Almabtrieb zu basteln. Wie es dabei auf den Oberaudorfer Almen hoch über dem Inntal zuging, zeigt folgende Schilderung:

Dies ist eine echte Situation, in der vorwiegend die traditionellen Alm- und Heimwehlieder angestimmt und gemeinsam gesungen werden, mit Vorliebe:

He, Sennbua, schau, da Riesenkopf
Tragt's Hüadal volla Schnee.

Des is a Zoacha, daß ma jetz
Bald hoamtreibn von der Höh.

Alle Beteiligten sind erfüllt von der Abschiedsstimmung und der Vorfreude auf die Heimfahrt, die Nächte werden kälter, das Holzfeuer prasselt im Herd, und in dieser traulichen Stimmung hat das Radio zu schweigen. Das Herz quillt über beim „Fahr ma hoam", einem schönen alten Almlied.[57]

Almnöte und Almneide

Von „vier Almnöten" und „drei Almneiden", die die Sennerinnen plagten, wusste der Oberaudorfer Heimatforscher Georg Schierghofer um 1930 zu berichten. Zu den Nöten zählen die Weidenot, etwa wenn plötzlich einsetzender Schneefall die Almwiesen zudeckte und das Vieh nicht zum Grasen konnte. Die Wassernot, wenn es lange nicht geregnet hatte und die Brunnen vertrockneten. Dann die Wetternot: „Die unheimlichste, plötzlich hereinbrechende [...], wenn Sturm und Hagel die Weiden zerstampfen, wenn Schotter und Lehm sich über die Alm ergießen und wenn der wilde Gebirgsbach bei Wolkenbruch sein Rinnsal verlässt und sich über die Weiden ergießt [...]."[58] Und als viertes schließlich die Viehnot, wenn Tiere abstürzten oder durch Krankheit verendeten.

Solche Nöte ließen die Sennerinnen enger zusammenrücken. Gegenseitige Hilfe, Gastfreundschaft und Geselligkeit waren immer hohe Werte auf der Alm. Man traf sich zum gemeinsamen Rosenkranzbeten ebenso wie zum geselligen Hoagartn, bei dem erzählt, gescherzt und gesungen wurde.

Wären da nicht auch noch die drei Arten von Neid, die unter den Sennerinnen, laut Schierghofer, besonders verbreitet sein sollen und die Gemeinschaft und das gesellige Leben auf der Alm vergiften können. Eine richtige Almerin soll sich dadurch auszeichnen, dass diese Neide bei ihr auf jeden Fall zu zwei Dritteln vorhanden sein müssen:

Der erste ist der „Woadneid", der Ehrgeiz, dass jede für ihre Kühe die beste Weide haben möchte. Der zweite ist der „Holzneid", das ist der Drang, mehr Brennholz bei der Hütte zu haben als die Nachbarinnen. Sind diese beiden Neide noch von harmloser Natur, so ist der dritte verfänglicher: Der „Loderneid"; denn er steht mit der Eifersucht im Bunde, die oft gar nicht mit sich spaßen lässt.[59]

Der Begriff „Loderneid" ist für viele heute vermutlich erklärungsbedürftig. Das Wort „Loder" ist einfach ein altes bayerisches

Wort für „Männer", und die neudeutsche Übersetzung „Zickenkrieg" dürfte für den dritten Neid in etwa hinkommen.

Die folgende Schilderung eines Sennerinnen-Streits stammt vom Jagdschriftsteller Ludwig Benedikt von Cramer-Klett (1906 – 1985). Zum Grundbesitz der Familie von Cramer-Klett gehören seit 1875 bis heute das Schloss Hohenaschau und damit auch alle Almen des Bezirks Aschau im Chiemgau. Der Baron von Cramer-Klett, ein leidenschaftlicher Jäger, kannte die Sennerinnen der Gegend vermutlich alle persönlich. In einer seiner Erzählungen gibt es eine Szene, die sich auf der Aberg-Alm abgespielt hat. Worüber die Sennerinnen sich gestritten haben, ist nicht bekannt. Aber er beschreibt die beiden so, dass man sie direkt vor Augen zu haben meint:

Ich schaute zu den zwei Almkasern hinunter, die auf etwa vierzig Schritt Tür an Tür einander anschauen. Vor ein paar Jahren saß ich einmal im Sommer auf einen Rehbock hier oben an und war Zeuge eines für mich sehr ergötzlichen Streites der beiden alten Aberg-Sennerinnen. Seit vielen Sommern stehen sie bei den zwei Almbauern im Dienst und teilen den einsamen, ein wenig düsteren Almkessel bald in Freundschaft, bald in bitterster Fehde. Beide tragen sie blaue Pumphosen, beide rauchen sie lange Pfeifen und spucken den braunen Sudel in weitem Bogen von sich. Beide nähen sie ihre eisgrauen Zöpfe in schwarzes Tuch ein, wenn sie Anfang Juni auftreiben und belassen den Schmuck ihrer Weiblichkeit in dieser sonderbaren, allmählich ein wenig spiegelnden Umhüllung, bis sie an St. Michael mit hochgeschürzten Feiertagskleidern über roten Unterröcken, Stöcke schwingend und mit viel Geschrei talwärts ziehen, wo sie den Winter über durch die selten gewordene Kunst des Spinnens bei den Großbauern ihren Unterhalt verdienen. Beide sind sie allem Mannsvolk abhold, es sei denn, es verstehe sich einer darauf, sie durch allerhand schnurrige Geschichten zu erheitern, oder gar ihrer Vorliebe für Nikotin mit häufigen Spenden aus der „Tabaksbladern" freigebig Rechnung zu tragen.

Selten hat mich etwas so erheitert wie damals das Gefecht jener beiden Almhexen: Jede wie verteidigend, breitspurig vor der Schwelle ihrer Hütte stehend, die Fäuste in die Seiten gestemmt, in ihrer vielfach geflickten männlichen Almkluft geradezu malerisch wirkend, versuchte die andere an Geschrei zu überbieten. Teils geordnet in Rede und Widerrede, teils einander übergehend und sich überschlagend, hob und senkte sich das Wortgefecht aus entrüsteter, heiserer Tiefe in empörten, aufkreischenden Diskant. Ab und zu ein hohnvolles Auflachen oder ein Nachäffen der Gegnerin, und dazu bogen sich die Oberkörper bald vor, bald zurück und bald zur Seite, bis endlich die Geschlagene weinerlich keifend in die Hütte flüchtete und die niedere Tür dumpf knallend hinter sich zuwarf, welchem Beispiel nach einigen, der Feindin triumphierend nachgeschleuderten Schmähungen auch die Siegerin folgte.[60]

Rita Fesl

*„Als ich jung war, wäre nie ein junges Mädchen
freiwillig auf die Alm gegangen. Das war einfach nicht modern.
Ich hätte es auch damals schon gerne gemacht."*

Sie ist auf einem Bauernhof in Elbach im Leitzachtal aufgewachsen und war schon als Kind oft auf der Alm ihrer Tante. „Ich brauche das einfach, die Alm und das Leben in der freien Natur", erzählt Rita Fesl am Telefon, als ich sie anrufe und um ein Interview bitte. Vom Geschäftsführer des Almwirtschaftlichen Vereins ist sie mir als mögliche Interviewpartnerin empfohlen worden, als eine „moderne" Sennerin, die auch über die alten Traditionen bestens Bescheid weiß. Seit ein paar Jahren arbeitet sie im Sommer auf der Sillbergalm. Diese liegt auf etwas mehr als 1.000 Metern an den Hängen des Sillbergs in der Nähe von Bayrischzell. Vom Leitzachtal führt ein gut ausgebauter Fahrweg auf die Alm und zum nahegelegenen Sillberghaus. Zu Fuß ist die Almhütte auf diesem Weg in einer gemütlichen, etwa einstündigen Wanderung zu erreichen. Von der Sillbergalm kann man aber auch weiterwandern bis hinter zur Rotwand und ins Spitzingseegebiet. Es ist derselbe Weg, den früher Elisabeth Müllauer mit ihren Tieren nehmen musste, wenn sie, vom Benebrand herunterkommend, auf der anderen Seite des Leitzachtals wieder hinauf auf die Hochalm Angl zog.

Rita Fesl weiß wirklich viel über das traditionelle Almleben zu erzählen. Erstaunt bin ich, als ich im Gespräch mit ihr erfahre, auf welcher Alm sie in der Kindheit, in den 1960er Jahren, ihre Sommer verbracht hat:

Immer in den Schulferien war ich auf der Kolleralm, die meiner Tante und meinem Onkel gehörte. Das ist eine der drei Almhütten auf der Durhamer Alm, zwischen Breitenstein und Wendelstein. Ich war als Kind so ein richtiger Heidi-Typ. Für mich gab's einfach nichts Schöneres, als auf der Alm und draußen zu sein. Meine Eltern hatten eine kleine Landwirtschaft, zu der aber keine eigene Alm gehörte.

Wir sind als Kinder schon, mit acht oder neun Jahren, im Sommer in den Ferien alleine zur Kollermutter auf die Alm gelaufen. Dort blieben wir dann acht bis vierzehn Tage, so lange wir Lust hatten. Für uns Kinder war das einfach das Höchste! Man muss sich das einmal vorstellen, in der damaligen Zeit, vor fast 60 Jahren: Es gab kein Telefon, kein Handy, kein Auto. Irgendwann ging's dann an, dass mein Onkel mit dem Traktor auf die Alm hochfahren konnte.

Auf dem Weg zu den Durhamer Almen kommt man auch an der Roaner-Alm vorbei. Auf dem dazugehörigen Hof waren die Roaner Sängerinnen daheim.[61] Ich kann mich noch sehr gut daran erinnern, wie auf der Roaner-Alm die Traudl, eine der Schwestern, Almerin war. Da haben wir immer zu ihr obi g'sunga und sie zu uns herauf. Das war so schön, davon muss ich unbedingt erzählen. Das Goinan war bei uns im Leitzachtal damals noch recht üblich, das gehörte zum Almleben einfach dazu.

Rita Fesl im Eingang ihrer Sillbergalm

Man hat sich irgendeinen Text zusammengereimt, mit einem Jodler oder Juchezer dazu. Auch wir Kinder haben da früher einfach etwas zusammengedichtet, aber es musste sich immer reimen, wie zum Beispiel:

> *Holare hui dio, wo kemma den zamma,*
> *Holare hui dio, bei de drei Tanna*
> *Holare hui dio, frisch oba do.*

Oder:
> *Holare hui dio, heit geh i ganz alloa*
> *Holare hui dio, obi an Birkastoa.*

Auf diese Weise konnten sich die Almleute früher untereinander über weite Strecken hinweg verständigen. Heute kennt man das gar nicht mehr. Es ist eine alte, mündlich überlieferte Tradition, die mit den Sennerinnen von früher praktisch ausgestorben ist.

Es hat ja mal eine Zeit gegeben, da wollte niemand mehr auf der Alm arbeiten, vor allem die jungen Leute nicht. Als ich jung war, wäre nie ein junges Mädchen freiwillig auf die Alm gegangen. Das war einfach nicht modern. Ich hätte es auch damals schon gerne gemacht. Ich bin nach der Schule in die Landwirtschaftsschule gegangen und habe zu Hause im Betrieb mithelfen müssen. Aber dass ich mit 16 oder 17 Jahren schon alleine auf eine Alm gehe, das hätte mir mein Vater nicht erlaubt.

Beruflich habe ich Verschiedenes gemacht in meinem Leben. Zuerst war ich bei einem Zahnarzt beschäftigt. Später habe ich einmal in einer kleinen Puppenmöbel-fabrik als Malerin gearbeitet, also kunstgewerblich. Dann war ich bei einer Firma im Versand angestellt. Aber irgendwie hat mich der Gedanke mein ganzes Leben begleitet, dass ich irgendwann doch noch mal auf die Alm gehen werde. Ich habe eine Tochter, und ich wusste: Wenn die mal selbstständig ist oder mein Mann in Rente, dann gehe ich auf die Alm! Das war für mich klar.

Ich war schon 50, als ich es dann wirklich gemacht habe. Meine erste Almstelle war in Kreuth, auf der Boareibi-Alm (Baiernaipl-Alm). Das ist die letzte Alm vor der Grenze zu Österreich. Sie hat einmal dem Herzog Max in Bayern gehört.[62] Durch Zufall hatte ich davon gehört, dass jemand gesucht wird für diese Alm, und ich kannte einen der Bauern, die ihr Vieh dort auftreiben. Daraufhin habe ich gleich bei ihm angerufen. Er meinte nur: „Ja, selbstverständlich bekommst du die Stelle!" Er kannte mich und wusste, mit wem er's zu tun hatte. So bin ich zu meiner ersten Almstelle gekommen.

Auf der Boareibi-Alm war ich sechs Sommer, von 2001 bis 2006. Dort hat mir meine Schwester geholfen, weil zur Alm ein Ausschank gehört und viel los ist. Das ist alleine nicht zu schaffen. Am Wochenende waren wir zu zweit droben und unter der Woche haben wir uns abgewechselt. So konnte jede zwischendurch auch ein paar Tage frei machen.

Einmal ist der Marcus Rosenmüller vorbeigekommen, der Filmemacher. Das war 2003. Er hat einen Film über das Musizieren auf den Almen gedreht, „Almrauschen" heißt der. Er fragte mich damals, ob ich den Boareibi-Jodler vom Kiem Pauli kann. Meine Antwort: „Ja, aber den sing i bloß meine Koima." „Des möcht' i hören", meinte er. Und wir gingen den nächsten Tag früh um sechs bei großer Hitze mit dem ganzen Kamerateam auf den Lahngarten unter der Halserspitz, wo im Hochsommer unser Vieh war. Ich stand auf einem Felsen und sang den Boareibi-Jodler. Und siehe da, aus den Latschen und von allen Seiten kamen meine Koima, weil sie ja wussten, dass sie a Miat kriegen von mir. Do ham's g'schaut, die Fernsehleut.

Dann war ich einen Sommer auf der Schwarzen Tenn, das ist auch im Tegernseer Gebiet. Auf dieser Alm wird das Vieh immer groß aufgekranzt zum Almabtrieb. Das ist ja bei uns in der Gegend von Alm zu Alm ganz verschieden. Es kommt auch immer auf den Bauern drauf an, ob aufgekranzt wird oder nicht. Wie man den traditionellen Almschmuck anfertigt, habe ich schon als Kind auf der Kolleralm gelernt. Ich habe

Almabtrieb

darüber auch mal einen Vortrag gehalten beim Almlehrgang des Almwirtschaftlichen Vereins. Und auch zum Zentrallandwirtschaftsfest nach München haben's mich einmal eingeladen, um über dieses Thema zu erzählen.

Auf der Schwarzen Tenn habe ich den Schmuck und das Aufkranzen das erste Mal selber gemacht. Das ist schon etwas Wunderschönes, wenn man mit dem geschmückten Vieh dann heimgeht. Die Alm selbst ist Hochmoorgebiet und die Weide nicht so besonders gut und ergiebig. Deshalb ist es dort üblich, dass auch das Jungvieh, an die hundert Stück, jeden Tag vormittags in den Stall kommt und erst nachmittags um vier Uhr zum Fressen wieder auf die Weide darf. Das war natürlich mit viel Arbeit verbunden, das tägliche Einstallen und Zusammensuchen des Viehs.

Jede Alm ist anders und jede Alm ist anders schön. Die nächste Alm, auf der ich gearbeitet habe, war die Soinalm im Rotwandgebiet. Das ist eine sehr ruhig gelegene, schöne Alm. Auf der Soinalm standen vor langer Zeit einmal sieben Hütten. Jetzt sind es nur noch vier. Man sieht zum Teil noch Mauerreste und Löcher in der Erde von den Kellern. Viele Almen sind ja aufgelassen worden mit der Zeit.

Die zur Soinalm gehörende Niederalm ist die Spitzingalm auf der anderen Seite des Leitzachtals, an den Hängen des Wendelsteins. Wenn man von den Durhamer Almhütten hinaufgeht auf die Schneid Richtung Schweinsberg, sieht man drüben runter auf diese Spitzingalm.

Wegen meiner zwei Hüftoperationen musste ich zwischendurch mit dem Almgehen auch mal aussetzen. Deshalb musste ich dann wieder eine neue Almstelle suchen, weil die alte schon besetzt war. Auf der Sillbergalm bin ich inzwischen nun schon über fünf Sommer. Seit vorigem Jahr bin ich nur noch die ersten zwei Monate der Almzeit oben und gegen Ende, im Oktober, noch einmal eine Woche. Im August und September kümmert sich jemand anderes ums Vieh. Die Sillbergalm liegt nicht besonders hoch. Hier dauert die Almzeit sehr lange, von Mai bis in den Oktober hinein. Oft sind wir schon Mitte Mai droben. Man soll das Vieh ja möglichst früh auf die Alm treiben, sobald es grün wird. Und die Vegetation beginnt immer früher seit einigen Jahren.

Milchkühe hatte ich selbst nie auf der Alm. Das wollte ich auch nicht. Ich habe schon als Kind so viel melken müssen, noch mit der Hand. Das hat gereicht fürs ganze Leben, das muss ich heute nicht mehr haben. Eine Milchkuh alleine ist ja auch ein Schmarrn. Wenn, dann bräuchte man schon mehr Kühe, damit es sich rentiert. Das würde es sich vielleicht, wenn viele Leute an der Alm vorbeikommen und man Milch und Butter verkaufen kann. Aber heutzutage sind auch die Auflagen so streng. Rohmilch darf aus hygienischen Gründen überhaupt nicht mehr verkauft werden. Das heißt, man müsste sie vorher abkochen. Das ist alles nicht so einfach.

Ich hatte ja teilweise einen Ausschank bei meinen Almstellen dabei. Milch gab's da halt keine. Nur Getränke in der Flasche und einfache Brotzeiten. Ich wollte den Leuten nicht gekaufte Milch aus der Packung vorsetzen. Sie gar anlügen und so tun, als wäre es Milch von den Kühen auf der Alm. Das soll's ja auch schon gegeben haben.

Ich biete lieber meine Kräuterführungen an. Ich habe eine Ausbildung als Kräuterpädagogin gemacht, zusammen mit anderen Frauen aus dem Landkreis Miesbach. Das Amt für Ernährung, Landwirtschaft und Forsten (AELF) in Miesbach hat diese Ausbildung einmal angeboten. Es gibt einen extra Flyer von uns, in dem alle Miesbacher Kräuterpädagogen drinstehen. Ich erkläre den Leuten bei einer Wanderung über die Sillbergalm dann, was für Wildkräuter es dort gibt und wie man sie in der Küche verwenden kann. Die Führungen biete ich hauptsächlich während der Blütezeit im Juni und Juli an, einmal in der Woche. Nach der Wanderung gibt es noch eine kleine Kräuterbrotzeit bei mir auf der Alm. Das mögen die Leute natürlich, das kommt sehr gut an.

Was mich am Almleben besonders fasziniert? Einmal ist es die Arbeit mit den Tieren, ich mag die Tiere einfach gerne. Dann natürlich die Natur dort oben. Und dann das einfache Leben auf der Alm: Man braucht so wenig, kann mit wenig gut leben. Der ganze Konsumwahnsinn – wenn ich im Herbst wieder im Tal bin, brauche ich immer erst einige Zeit, bis ich mich wieder daran gewöhnt habe. Da macht mich alles ganz nervös. Droben ist der Tag ganz anders. Man steht ja schon viel früher auf, *lebt in und mit der Natur – das kann man mit dem Leben drunten überhaupt nicht vergleichen. Wenn morgens auf der Alm die Sonne aufgeht, das ist unbeschreiblich! Aber auch wenn's mal neblig ist oder regnet, ist es schön. Nur wenn es mal tagelang regnet – oder es schneit und man muss das Vieh einstellen oder wenn eins der Viecher krank ist: Dann empfindet man es natürlich als nicht mehr so schön.*

Sillbergalm

Ausgangspunkt: Parkplatz etwa 4 km hinter Bayrischzell an der Straße Richtung Landl/Kufstein

Gehdauer: 0,5 bis 1 Stunde

Höhe: 1.000 Meter ü. NN

Einkehrmöglichkeiten: Sillberghaus, nur von Freitag bis Sonntag und an Feiertagen geöffnet (Stand Sommer 2017)

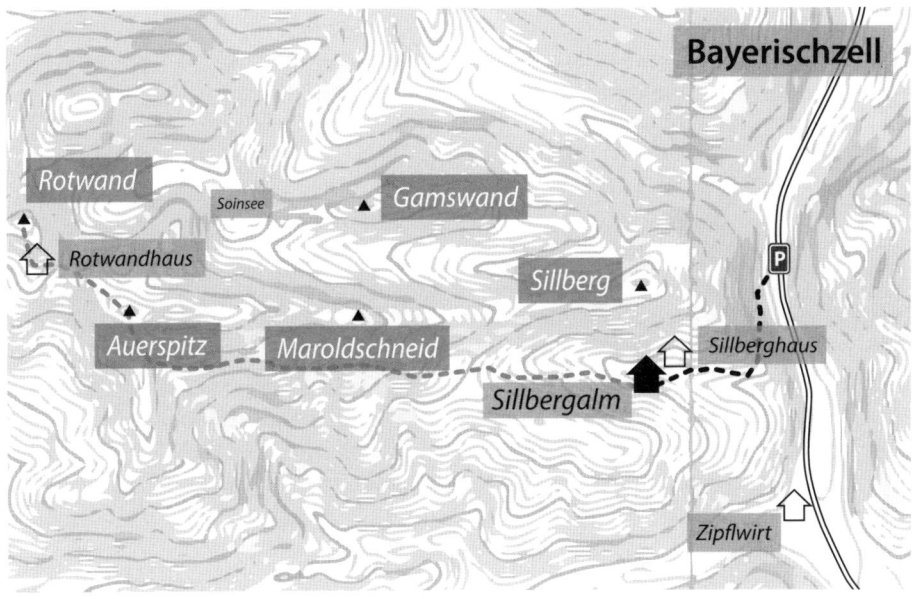

Jodeln, Juchezen, Galnen

Auf den in den Bergen üblichen „typisch alpenländischen" Gesang müssen wir noch etwas näher eingehen. Zunächst einmal das Jodeln. Man könnte es als ein Singen ohne Text, nur auf Lautsilben bezeichnen, bei dem die Stimme plötzlich zwischen Brust- und Falsettstimme umschlägt. Nicht zu verwechseln ist der Jodler mit dem Juchezer, einem kurzen, melodiösen Schrei, wobei dieser auch in einen Jodler übergehen kann. Das Juchezen und Jodeln ist oft als eine Art Urform der Kommunikation in den Bergen gedeutet worden, entstanden vielleicht aus Rufen vom Berg ins Tal oder von Alm zu Alm, oder aus Viehrufen, bei denen sich die Stimme überschlug.

Zum Teil gehört das Jodeln auch zum Klischeebild einer Sennerin: Städter haben sie sich immer schon gern als junge, rotbackige Sängerin vorgestellt, die im Dirndlgewand auf der blühenden Almwiese ihre Jodler erklingen lässt. Dabei kann die durchschnittliche Sennerin ebenso gut oder schlecht jodeln, wie der durchschnittliche Städter singen – und schon Mitte des vorigen Jahrhunderts hatte die tagein, tagaus jodelnde Almerin nichts mit der Realität zu tun.

Ein Juchezer oder „Juhschroa" war aber damals durchaus noch die übliche Form der Ankündigung oder Verabschiedung auf der Alm. Besucher meldeten sich damit schon von Weitem an, sobald sie die Almhütte erblickten. Und wenn jemand die Hütte verließ, schickte ihm die Sennerin gerne mal einen Juchezer nach. Das Wort steht nicht ohne Grund mit dem hochdeutschen „jauchzen" in Zusammenhang. Denn ein Juchezer, das ist ein lauter „Juchhe"-Schrei aus Freude und mit vollem Herzen: „Wenn es schön war, wenn es lustig war, dann hat man gesagt, da gehört jetzt ein Juchizer drauf! [...] Hörte man die Juchizer der anderen, dann wurde auch die eigene Freude größer."[63]

Die Sennerinnen nutzten das Juchezen früher untereinander auch als Kontakt- und Verständigungssignal. Sogar als Mittel, um aufeinander aufzupassen: Kam auf einen geschickten Juchezer von der benachbarten Alm kein Gegenjuchezer, dann machte man sich Sorgen, sah nach der Kollegin. 1924 wurde in der Steiermark die erst 15-jährige Sennerin Anna Kerschbaumsteiner auf der Reiflingbauernalm ermordet. Ein zurückgewiesener Verehrer, ein Holzknecht, hatte sie niedergestochen. Die Sennerin Aloisia Auer war die erste, die auf ihren nicht erwiderten Juchezer hin den Mord an der jungen Frau entdeckte:

Sie ist gerade dabei, auf der Weide die Tiere zu zählen und ihnen Salz zu geben, als sie keine Antwort von der Hütte bekommt. Die beiden Frauen hatten verabredet, einander zu juchizen. An einer Stelle, von der aus sie gerade noch die Hütte erblicken konnte, hatte Aloisia gejuchizt, um mit diesem Signal Anna ihren Standort anzuzeigen. Die darauffolgende Stille beunruhigte sie so sehr, dass sie ihre Arbeit unterbrach und zur Almhütte zurückging. Unterwegs hört sie Schreie und sie findet Anna mit durchgeschnittener Kehle in der Hütte liegen.[64]

Der über große Entfernungen gut hörbare Juchezer war also eine Möglichkeit, sich über weite Strecken zu verständigen. Es ist die kürzeste und einfachste Form der gesanglichen Lautäußerung in den Bergen. Eine andere, etwas aufwendigere und heute praktisch ausgestorbene Methode war das „Goina" (Galnen). In Lentners „Bavaria" wird es ausführlich beschrieben, er erwähnt diesen bayerischen Ausdruck dafür jedoch nicht, sondern spricht nur von „Reimen oder Zusingen". Dabei dürfte jedoch in etwa dasselbe gemeint gewesen sein:

Nach einer eigenen langsamen parlando gesungenen Melodie ruft man sich Worte zu, die in der Ferne äußerst vernehmlich klingen, und mit derselben Gesangsweise beantwortet werden. Der erste Vers des improvisierten Gesanges schließt gewöhnlich keinen Sinn in sich, sondern ist nur

Sabine Schwaiger auf der Lechneralm beim Juchezen für den Fotografen

Auf der Rampoldplatte mit Blick hinunter auf den Kessel der Lechneralm: „Wenn es schön war, dann gehörte ein Juchezer drauf."

dazu bestimmt, auf den zweiten inhaltsreicheren Vers aufmerksam zu machen, und diesem letzteren als Reimsylbe zu dienen, z.B. [...]

„A saubara Jaga, dea that ins scho g'falln,
Was habts den ös für Leut auf der Alm"
(Anfrage nach aus der Ferne zu beobachtenden Gästen der gegenüberliegenden Hütten.)

In dieser Weise werden ganze Gespräche geführt.[65]

Neben der Verständigung von einer Alm zur anderen, dem Gruß an heraufkommende Gäste und ihrer Verabschiedung hatte das „Galnen" noch eine dritte Funktion: das „Aussingen", also ein freundschaftliches Hänseln und Reizen, ähnlich wie beim nach wie vor bekannten Gstanzl-Singen. Der Volksmusiksammler und Heimatpfleger Adolf Eichenseer hat darauf hingewiesen, wobei er das mundartsprachliche Wort in diesem Zusammenhang „gaigna" schrieb: „Im Volksmund bedeutet gaigna so viel wie zammsinga (= gegenseitiges Zusingen) oder aussinga (= gegenseitiges Hänseln durch Gesang)."[66]

Im Gegensatz zum Jodeln und Juchezen ist über das Gaigna bzw. Goina sonst kaum Schriftliches zu finden. Einer der wenigen, die sich damit befasst haben, war Professor Kurt Huber (1893–1943), Philosoph und Musikwissenschaftler an der Ludwig-Maximilians-Universität München. Huber, der später als Mitglied der Widerstandsgruppe „Weiße Rose" gemeinsam mit den Geschwistern Scholl hingerichtet wurde, hatte ein besonderes Interesse an der Volksliedforschung. 1925 begann er damit, im Auftrag der Deutschen Akademie in Berlin Volkslieder in Altbayern zu sammeln. 1938 wäre er beinahe Leiter eines neugeschaffenen Volksliedarchivs in Berlin

geworden, was jedoch von den Nationalsozialisten vereitelt wurde. Huber arbeitete auch mit Carl Orff und dem Volkssänger Pauli Kiem zusammen. Gemeinsam mit Letzterem rief er nicht nur 1930 das erste oberbayerische Preissingen ins Leben, bei dem Volksmusikgruppen aus ganz Bayern und Tirol auftraten. Die beiden zogen auch gemeinsam übers Land und auf die Almen, um Liedgut zu sammeln.

Ihr Besuch auf der Boareibi-Alm, auf der Rita Fesl später als Sennerin gearbeitet hat, ist verbürgt. Der Kiem Pauli berichtete darüber Folgendes:

Im Oktober 1928 machten wir zusammen unsere erste Fußwanderung von Kreuth durch die Langenau ins Boareibl zu den Pflanzensetzerinnen; das waren junge Diandln aus Brandenberg, Tirol, die jeden Herbst vom Forstamt Kreuth angestellt wurden zur Aufforstung. Ich hatte die Tirolerinnen schon vorher von unserem Kommen verständigt, und so saßen wir bald mit ihnen gemütlich beisammen und tranken Tee, den die Diandln mit Zusatz von Zimt und Schnaps gemacht hatten.

Ich packte meine Zither aus, ließ ein Liedl hören, und dann sangen die Diandln ohne sich betteln zu lassen ganz von selbst. Professor Huber war in seinem Element und schrieb alles Gehörte genau auf; er hatte ja das absolute Gehör und es war wirklich erstaunlich, wie er die schwierigsten, mehrstimmigen Jodler während des Singens sofort aufnotierte.[67]

Beim Abschied am nächsten Morgen dann kam es zu einer auch für den Kiem Pauli unvergesslichen Szene:

Auf dem Weg von der Mitteralm hinab ins Tal: Sabina Bichler und Meil-Resei

Professor Kurt Huber und ich mochten unge-
fähr hundert Meter gegangen sein, als uns
die Diandln einen Jodler nachsangen. Profes-
sor Huber sagte: „Pauli, schnell etwas
Papier!" und dann schrieb er denselben in
Generalbaßschrift nieder, dabei liefen ihm
die Tränen über das Gesicht vor Rührung;
von den Bergen warf das Echo die Akkorde
zurück und es war, als wenn die ganze Natur
mitsingen würde. In solchen Momenten wird
einem unterm Brustfleck warm und mit Wor-
ten lässt sich sowas nicht ausdrücken. Als wir
weiter wanderten, wurden uns noch die herr-
lichsten Juchezer nachgesandt, die alle vom
Huberl festgehalten wurden; dann wurde es
schön langsam still und zwei selige Men-
schen gingen schweigend nebeneinander
durchs Tal.[68]

Dieses Erlebnis muss bei Kurt Huber einen
tiefen Eindruck hinterlassen haben. Denn
in den letzten Tagen vor seiner Hinrich-
tung schrieb er aus dem Gefängnis heraus
an den Kiem Pauli als letzten Gruß:

Laßt vom Boareibi weit
Den alten Jodler hallen
In Bergeseinsamkeit,
Den ich geliebt von allen!

Galnt ihr dann eins hinauf
In blaue Himmelsfernen, –
Es wird euch Antwort drauf
Dort, von den ew'gen Sternen.[69]

Huber sah im „Galner" eine Urform des
alpinen Jodlers: ein Almruf, der zur Verständigung diente und in vielem einem
Jodler glich. Er führte den Ausdruck auf
das mittelhochdeutsche Wort *gellen*

zurück. „Gellend laut" mussten die Verserl
auch gesungen werden, damit sie über
weite Strecken hinweg zu hören waren.

Nur einige wenige, ältere Sennerinnen
kennen es heute noch. Und noch weniger
können es selbst noch. Beim Goinan wird
dem eigentlichen Vers mit dem nachricht-
lichen Inhalt, der übermittelt werden soll,
immer ein Jodler vorangestellt. Und der
Text sollte möglichst in Reimen enden. Das
hört sich dann etwa so an:

Holare hui dio, frisch üba d' Alma
Holare hui dio, tean ma a `weni gal'na
Holare hui dio, frisch her üba d' Schneid.

Oder:

Holare hui dio, Deandl i 'sags wiari 's moa
Holare hui dio, i' kimm aba net alloa,
Holare hui dio, frisch her üba d' Schneid.

„Wir haben früher einfach was zusammengedichtet, aber es musste sich immer reimen", erklärt Rita Fesl, die als Kind bei
ihrer Tante auf der Alm diese ausgestorbene Form der musikalischen Verständigung noch erlebt hat. Mit den Sennerinnen
vom „ganz alten Schlag" ist auch das Goina
von den Almen verschwunden.

Heutzutage hat eine Sennerin natürlich
ein Handy (wenn auch nicht immer und
überall Empfang) und eine kleine Solarzelle auf dem Hüttendach, um es aufladen
zu können. Zum Kaffeetrinken mit der
Nachbar-Almerin kann sie sich per SMS
oder Whatsapp verabreden und muss
nicht mehr goinan. Und in Notfällen kann
sie den Bauern im Tal schnell telefonisch
erreichen.

Die Sennerin – kurz vorm Aussterben ...?

Es gibt heute längst nicht mehr so viele Almen wie in früheren Zeiten. Im Mittelalter war das Klima, auch in den Höhenlagen der Nordalpen, wärmer als in der Neuzeit. Sogar Weinbau war damals am Alpennordrand möglich. Die von Klimaforschern auch als „Kleine Eiszeit" bezeichnete Klimaverschlechterung zwischen etwa 1600 und 1850 brachte strenge Winter und kalte Sommer mit sich, die auch der Almwirtschaft schwer zu schaffen machten. Schon damals wurden manche Hochalmen in besonders ungünstigen Lagen wieder aufgegeben – „aufgelassen" sagt man dazu.

In eine wirklich existentielle Krise geriet die traditionelle, arbeitsintensive Almwirtschaft aber erst nach dem Zweiten Weltkrieg. Bis in die ersten Jahre nach dem Krieg hatten der immer noch hohe Selbstversorgungsgrad auf den Bauernhöfen und die Not- und Hungerjahre während der Kriegs- und Nachkriegszeit den Erhalt des traditionellen Bergbauerntums gesichert. Das kam auch den Almen zugute. Mit der beginnenden Industrialisierung und Rationalisierung auch in der Landwirtschaft aber verschwanden nicht nur die Arbeitspferde und Zugochsen von den Höfen, sondern auch die Mägde und Knechte.

In den 1960er und 1970er Jahren wurden zahlreiche Almen aufgelassen. In Tirol

Kühe an der Tränke hinter der Lechneralmhütte. Diese Alm hat alle Krisenzeiten gut überstanden.

Meilalm um 1920. Die Hütte existiert in dieser Form nicht mehr, ein neuerer Bau hat sie ersetzt.

und Bayern waren es etwa zehn bis 15 Prozent, am Südrand der Alpen sogar 50 bis 60 Prozent.[70] Im Berchtesgadener Land ging die Zahl der bestoßenen Almen von 143 im Jahr 1830 auf nur noch 38 im Jahr 1967 zurück. Die Nutzung der noch bewirtschafteten Almen wurde gerade in Bayern stark vereinfacht und rationalisiert, indem viele Almbauern auf reine Jungviehalmen umstellten und die Tiere oft ohne Almpersonal mittels PKW vom Tal aus betreuten.

Zwischen 1965 und 1990 wurden fast alle oberbayerischen Almen wegemäßig erschlossen, sodass sie seitdem mit dem Traktor oder einem Auto erreicht werden können. Für viele Almbauern war das die

Almbauern aus dem Priental, das Maria Anna Willer, Volkskundlerin und Ethnologin und selbst einige Jahre Sennerin, im Jahr 1998 geführt hat:

Damals brauchte man von daheim weg bis zur Alm mit dem Roß ungefähr vier Stunden. Bei einem Kaltblut konnte man etwa drei Zentner Fracht auflegen, bei einem Haflinger zwei Zentner. Auf die Alm zu fahren war eine knappe Tagesreise. Oben angekommen, mußte man das Roß erst einmal füttern und tränken, dann kannst du auch nicht sofort wieder heimgehen, und bis man zu Hause war, war der Tag fast um. Und dafür hat man gerade mal zwei Zentner hinaufgebracht. Also wenn man bedenkt, daß die 45 oder 48 Stück Vieh, die wir oben haben, den ganzen Sommer über acht Zentner Salz brauchen, dafür mußte man viermal auf die Alm fahren, das sind vier Tagesreisen gewesen. Und heute lege ich drei, vier Zentner ins Auto und bin in einer guten halben Stunde oben.[71]

Bald gab es dank neuer, effizienter Maschinen keine Knechte und Mägde mehr auf den Höfen. Der Berufsstand starb gewissermaßen aus. In der Folge wurde der Personalmangel auf den nach wie vor arbeitsintensiven Almen zu einem echten Problem für die Bauern. Ausgebildeter Nachwuchs war mehr als rar, vor allem an Sennerinnen, die über ein hohes Maß an Verantwortung verfügen mussten und über die Fähigkeit, selbstständig und ohne Hilfe auf einer Alm mit der ganzen Arbeit zurechtzukommen. Auf vielen Höfen konnten wenigstens die Austragler, die Großmutter oder der Großvater, einspringen. Die schwärmerische Beschreibung, das Klischee von der jungen, stets „reschen und feschen" Sennerin stimmte unter diesen Voraussetzungen natürlich längst

Voraussetzung, um sie überhaupt weiter zu bewirtschaften. Heute gibt es nur noch einige wenige Almen, die nicht über einen Fahrweg erreichbar sind.

Welche Erleichterung der Almwegebau für die Bauern bedeutete, macht das folgende Zitat deutlich. Es stammt aus einem Interview mit Max Pfaffinger senior, einem

Die 1.526 Meter hoch gelegene Soinalm liegt in einem Hochkessel zwischen Wendelstein und Wildalpjoch. Die Hütten wie hier auf dem Bild aus dem Jahr 1937 gibt es so nicht mehr. Der Soin wurde 1960 von der Bundeswehr aufgekauft und als Übungsgelände für ihr Gebirgspionier-Bataillon genutzt.

mehr anzutreffen. Erst mit der Einführung eines Zuschusses für die Bezahlung von Almpersonal an die Bauern und der steigenden Nachfrage nach Almstellen auch aus landwirtschaftsfernen Bevölkerungsschichten änderte sich das wieder. Noch in den 70er Jahren begann die almwirtschaftliche Förderung durch die bayerische Regierung einerseits und aus EU-Fördertöpfen (damals noch: EWG) andererseits.

Von staatlicher Seite verfolgte man nun das Ziel, die noch bestehenden Almen zu erhalten. Begründet wurde und wird dies mit ihrer besonderen ökonomischen Gefährdung und „Schutzbedürftigkeit", und auch mit ökologischen Motiven wie Landschaftsschutz und Erhaltung der ökologischen Artenvielfalt. Die staatlichen Fördermaßnahmen wie Behirtungsprämien, Zuschüsse zum Wegebau und für die Hüttensanierung zeigten Wirkung. In Bayern ist in den vergangenen 40 Jahren keine Alm mehr aufgelassen worden.

Eine aufgelassene Alm

Noch ein kleiner Ausflug: Auf die Benebrandalm, auf der Elisabeth Müllauer drei Almsommer, von 1946 bis 1949, verbracht hat. Das Besondere daran ist: Diese Alm gibt es heute nicht mehr. Es ist eine von vielen, die irgendwann einmal aufgelassen wurden. Auf alten Wanderkarten sind sie manchmal noch verzeichnet, und auch die Benebrandalm hätte ich ohne eine solche Karte nicht gefunden.

nicht mehr. „Wer mag denn auch in unserem Büromenschen-Zeitalter schon noch bei einem Bauern in Dienst gehen?", fragte damals die Autorin eines Buchs über die oberbayerischen Almen unter der aussagekräftigen Überschrift „Die oberbayerische Sennerin – ein aussterbender Beruf?"[72] Das war vor 30 Jahren – mittlerweile sieht die Situation wieder anders aus.

Um 1975 herum waren nach einer Schätzung des damaligen Geschäftsführers des Almwirtschaftlichen Vereins Helmut Silbernagel auf etwa der Hälfte aller bayerischen Almen keine Sennerinnen oder Senner

Die Benebrandalm im Jahr 1946

Elisabeth Müllauer beim Hüten der Kühe auf der Benebrandalm

Zunächst geht's von Bayrischzell in Richtung Landl, das schon jenseits der Grenze, in Tirol liegt. Kurz vor dem Zipflwirt befindet sich auf der linken Seite ein Wanderparkplatz („Beim Stocker"). Von hier aus geht ein schöner alter Karrenweg durch den Bergwald steil aufwärts. Unten auf dem Wanderschild steht „Fellalm, Kleiner und Großer Traithen". Nach zirka einer halben Stunde Gehzeit, ungefähr dann, wenn man das zweite Mal den Benebach links unten rauschen hören kann (sofern er genug Wasser hat), geht in einer Rechtskurve ein kleiner, leicht zu übersehender Pfad scharf rechts ab in den dichten Bergwald.

Nach einer weiteren halben Stunde auf diesem Pfad, der mit blauen Punkten markiert ist, steht man plötzlich auf einer von Wald umgebenen, einsamen Lichtung. Ein Jägersteig zeigt an, dass hier bloß noch Hirsche grasen und keine Kühe mehr. Und von der Almhütte der ehemaligen Benebrandalm finden sich nach längerem Suchen im vorderen, von Disteln überwucherten Teil der Weide nur ein paar Mauerbrocken. Ein seltsames Gefühl, hier zwischen Walderdbeeren und allerlei Kräutern auf den Steinen zu rasten und sich vorzustellen, dass man vor 70 Jahren mitten in einer Almhütte gesessen wäre. Vielleicht stand gerade hier das Bett der Sennerin? Und dort der Tisch, der jetzt fehlt für die mitgebrachte Brotzeit? Still ist es. Eine seltsam stumme Stille beim Gedanken an das Gebimmel der Glocken und das Leben, das hier einmal geherrscht hat.

Die Suche nach der Benebrandalm – oder dem, was davon übrig ist – habe ich an einem herrlichen Spätsommertag 2016 unternommen. Drunten im Tal war es brütend heiß, ungewöhnliche 30 Grad für Ende September. Droben wehte ein leises Lüftchen und die Temperaturen waren angenehm. Kein Mensch war mir begegnet auf dem Weg durch den Bergwald. Auf der Landstraße unten, die ich durch die Baumwipfel hindurch erspähen konnte, wimmelten Autos und Motorräder. Es herrschte reger Ausflugsverkehr. Hier oben aber war es, als wäre man aus der Zeit gefallen.

Maria Anna Willer

„Auf der Alm lernte ich eine große Freiheit kennen
und entwickelte zugleich eine große Sehnsucht nach der Ferne,
nach der weiten Welt. Einen Winter verbrachte ich im Hochland
von Papua-Neuguinea."

So ein Almaufenthalt kann fürs ganze Leben prägen und den weiteren Lebensweg mitbestimmen. Maria Anna Willer ist es vor über 25 Jahren so ergangen. Sie hat damals als junge Frau vier Sommer lang auf der Herrenalm im Kampenwandgebiet gearbeitet. Das hat sie in die Ferne geführt – bis nach Papua-Neuguinea – und wieder zurück in die bayerischen Berge. Und obwohl sie nach diesen vier Almsommern nicht mehr weiter als Sennerin arbeitete, ist sie den Chiemgauer Bergen und den Almen dort eng verbunden geblieben.

Zurzeit lebt sie in Aschau im Chiemgau als Volkskundlerin, Autorin und Trainerin für Biografiearbeit. Sie betreibt „oral history", indem sie Menschen als Zeitzeugen befragt. So sind mehrere Heimatchroniken entstanden.[73] Maria Anna Willer initiierte auch die Gruppe „Bauernland und Bauersleut": Bäuerinnen und Landfrauen aus Aschau, Sachrang und dem angrenzenden Tirol bieten geführte Rundgänge zu Geschichte und Gegenwart ihrer Höfe, zu Berglandwirtschaft, Naturreichtum und Kulturgeschichte an. Auch Wanderungen auf die Almen in der Gegend sind dabei.

Auf einer dieser Touren, in der es um „Bergblumen und Bergg'schichten" geht, treffe ich sie auf der Kampenwand. Bei Kaffee und Kuchen auf der Möslarnalm erzählt Maria Anna Willer von den Almen der Gegend und ihrer eigenen Almzeit:

Eine der Themenwanderungen, die ich anbiete, lautet „Gefangen in den Bergen". Mit den Bergen verbindet man ja immer die Vorstellung von Freiheit. Auf dieser Wanderung geht es viel um Geschichtliches aus der Zeit, als die Herren von Hohenaschau hier noch die Gerichtsbarkeit über ihre Untertanen innehatten. Man durchwandert viele geschichtliche Schauplätze, u.a. auch aus der Zeit der nationalsozialistischen Diktatur mit Geschichten von Kriegsgefangenschaft und Zwangsarbeit, die hier in der Gegend vorkamen. Zum Schluss kommen wir auf die Sameralm, die früher auch als „Gefängnisalm" bekannt war, weil sie einmal zur Justizvollzugsanstalt Bernau gehörte. Anni Reiter war die letzte Sennerin dort, die bei der JVA Bernau angestellt war.

Die Anni Reiter war meine nächste Almnachbarin damals, während meiner vier Almsommer. Sie erzählt auch heute noch gerne aus ihrem Leben und ich höre ihr gerne zu. Als Volkskundlerin habe ich sie selbst später als Zeitzeugin für mein Buch über die Landwirtschaft im Priental interviewt. Ich habe sie auch ermutigt, Geschichten aus ihrem Leben aufzuschreiben. Bis heute arbeite ich in der Biografiearbeit und Anni war vielleicht das erste „Versuchskaninchen" für meine biografischen Schreibwerkstätten.

Maria Anna Willer auf der Herrenalm

Ich hatte, als Kind des späten 20. Jahrhunderts, ganz andere Bildungs- und Berufsmöglichkeiten als sie. Aufgewachsen bin ich auf einem Bauernhof im Allgäu, südlich von Memmingen. Ich habe Abitur gemacht – das war als Mädchen vom Land auch damals noch eher ungewöhnlich. Aber auch meine ältere Schwester ging schon aufs Gymnasium. Ich bin die zweite und habe noch vier jüngere Brüder. Nach dem Abitur habe ich zunächst ein freiwilliges soziales Jahr in einem Alten- und Pflegeheim für Demenzpatienten gemacht. Dann habe ich mich zu einer Ausbildung in ländlicher Hauswirtschaft entschlossen. Dazu bin ich nach Oberbayern gegangen, an die Landwirtschaftsschule in Wasserburg.

Eigentlich wollte ich ja gleich nach dem Abitur Soziologie und Ethnologie studieren. Aber jeder hat mir davon abgeraten mit dem Argument: „Davon kannst du doch nicht leben!" Also dachte ich: Mache ich erst einmal etwas Praktisches wie diese Hauswirtschaftsausbildung, damit habe ich wenigstens einen Lehrabschluss in der Tasche. Anschließend begann ich in Münster Ethnologie und Soziologie zu studieren. Doch nach dem zweiten Semester brach ich das Studium ab, es war mir einfach zu theoretisch. Ich hatte das Gefühl, die Bücher erschlagen mich!

Aber was jetzt? In dieser Zeit erinnerte ich mich, wie ich als Kind schon davon geträumt hatte, einmal auf einer Alm zu leben und zu arbeiten. Gemeinsam mit meinem Bruder, der später daheim den Hof übernahm, hatte ich damals solche Pläne geschmiedet. Nun war ich an dem Punkt und ich wusste: Jetzt oder nie, jetzt gehe ich auf die Alm! Ich habe überall rumtelefoniert, bei allen Bezirksalmbauern von Berchtesgaden bis ins Allgäu angerufen und nach einer freien Almstelle gefragt. Es war schon Ende April oder Anfang Mai, da hat sich ein Bauer bei mir gemeldet. Ich habe zu dem Zeitpunkt gerade auf der Herreninsel im Chiemsee als Kutscherin gejobbt. Und das Lustige war, dass dieser Bauer ausgerechnet Besitzer der Herrenalm über dem Chiemsee war. Beim Kutschern auf der Herreninsel im Chiemsee habe ich also erfahren, dass ich ganz in der Nähe eine Stelle als Sennerin auf der Herrenalm, direkt über dem Chiemsee bekomme!

Die Alm liegt relativ niedrig, auf nicht einmal 900 Metern. Sie ist aber ziemlich groß und in einer sehr schönen Lage, etwas abgelegen von den Hauptwanderwegen. Sie gehört zwei Bauern, ich hatte deren 50 Stück Jungvieh zu versorgen. Auf diese Alm kamen damals nur wenige Besucher. Über 20 Jahre lang waren vor mir zwei alte Sennerinnen droben gewesen, bei denen auch kaum einer von den Einheimischen eingekehrt ist. Was ich interessant fand: Die beiden waren zwar ein eingespieltes Team. Aber jede von den beiden hat, obwohl sie in derselben Hütte lebten, nur für sich gearbeitet. Jede hat nur die Kühe von ihrem Bauern gemolken und jede hat ihren eigenen Butter und Käse gemacht. Beide konnten nun aus gesundheitlichen Gründen nicht mehr auf die Alm gehen, gerade in dem Jahr, als ich eine Stelle suchte.

Ich war 23 Jahre alt und damals, Ende der 1980er Jahre, war das Arbeiten auf einer Alm noch nicht so populär. Niemand von meinen Bekannten hat mich verstanden. „Was willst du denn auf einer Alm? Weißt du nichts Besseres?", haben mich alle gefragt.

Die beiden Familien der Almbauern haben die Hütte schön hergerichtet, die Wände geweißelt, einen neuen Wamsler-Herd und sogar einen Gasboiler gekauft, damit ich warmes Wasser hatte. Vorher war noch eine Rauchkuchl, also eine offene Feuerstelle, in der Hütte. Die Wände waren davon ganz schwarz. Sie haben sich richtig Mühe gegeben, weil jetzt eine junge Sennerin kam. Der Zufahrtsweg zur Hütte war kurz vorher auch ausgebaut worden, sodass ich sie sogar mit dem Auto erreichen konnte. Es war für mich eine tolle Zeit!

Den ersten Almsommer hatte ich noch ein Auto zum Hochfahren, im zweiten Sommer dann nicht mehr. Ab dem Jahr habe ich mir Geißen mit hochgenommen. Ich hatte ja keine Milchkühe und ich dachte, ganz ohne Milch, das ist nichts. Daher also Milchziegen. Die Ziegen haben irgendwann einen jungen Fichtenbestand in der Nachbarschaft angeknabbert. Darum durfte ich sie im vierten Almsommer nicht mehr mitnehmen. In diesem Sommer habe ich von den Bauern dann eine Milchkuh mitbekommen.

Ich habe auch gekäst. Eine Freundin von mir hatte damals einen Freund, der Grieche war. Dessen Mutter lebte auf einer kleinen griechischen Insel und wusste, wie man Schafs- und Ziegenkäse herstellt. Sie lud mich ein, es bei ihr zu lernen. Ich habe fast mein letztes Geld dafür ausgegeben, um mit dem Überlandbus, mit dem ich 25 Stunden unterwegs war, nach Athen zu fahren. Die Freundin holte mich dort ab und wir sind gemeinsam auf eine Insel bei Thessaloniki gefahren. Dort hat mir die alte Frau das Käsen gezeigt. Sie hatte nur einen einfachen Gaskocher mit zwei Flammen, darauf hat sie die Milch erwärmt und dabei mit den Händen umgerührt. Einfacher kann man es sich nicht vorstellen, wie die gekäst hat! Ohne Werkzeug, ohne Thermometer. Um die Wärme nach dem Einlaben zu halten, hat sie einfach einen Mantel über den Topf geworfen.

Aber der Käse hat wunderbar geschmeckt! Und ich dachte: Wenn das so einfach ist, dann kann ich es auch. Es war das Beste, was mir überhaupt passieren hat können. Später habe ich in der Schweiz, im Berner Oberland einmal einen richtigen Sennkurs besucht. Wenn ich den schon ganz am Anfang gemacht hätte, hätte ich mich vielleicht nie getraut, einen einzigen Käse zu machen.

Ich habe also ab dem zweiten Sommer auf der Alm auch gekäst und ab und zu an Wanderer ein Kasbrot verkauft. Nur kam auf diese Alm kaum jemand. Denn eine Alm, auf der über 20 Jahre lang zwei etwas „hantige" Sennerinnen zu Hause waren, auf die ging niemand damals. Und ich war ja auch nicht ortsbekannt. Wenn ein junges Mädchen aus der Gegend, aus Bernau zum Beispiel, droben gewesen wäre, die hätte sicher gleich mehr Besuch bekommen als ich. Aber mir war es so ruhig auch ganz recht. Zu meiner nächsten Almnachbarin auf der Sameralm, der Anni Reiter, war es von der Herrenalm zu Fuß eine Dreiviertelstunde. Das war eine nette Nachbarschaft mit ihr. Die Anni hat mir auch gezeigt, wie man buttert.

Schon nach dem ersten Almsommer hat mich der Virus gepackt, ich wollte wieder auf die Alm. Für die Winter aber musste ich mir eine andere Arbeit suchen. Einen Winter habe ich wieder gekutschert zwischendurch, in einem anderen an der Rezeption eines Hotels in München gearbeitet. Einmal war ich im Winter ein halbes Jahr in Papua-Neuguinea. Das kam so: Das Almleben bedeutete zwar bereits ein freies Leben, aber der Wunsch nach Freiheit wurde dabei bei mir nur noch immer größer. So entwickelte ich auf der Alm zugleich eine große Sehnsucht nach der Ferne, nach der weiten Welt. Ein alter Bekannter, der mich mal besuchte, erzählte mir von einem Auslandsstipendium, für das man sich bei der Carl-Duisberg-Gesellschaft bewerben kann. Er hatte sogar ein Prospekt dabei, das er mir da ließ.

Ich habe mich also für einen Arbeitsaufenthalt im Hochland von Papua-Neuguinea beworben. Das war im Sommer 1990. Im Winter verbrachte ich dann fast fünf Monate am anderen Ende der Welt. Ich arbeitete im staatlichen Büro für „Women, Health and Youth" in Goroka mit und zeigte den Frauen in entlegenen Dörfern, wie man Hefeteig macht. Ich hatte zwar Hauswirtschaft gelernt, aber wichtiger als all die Kenntnisse waren dort Ideenreichtum und Erfindergeist. Als Grundnahrungsmittel kannten die Menschen im Hochland von Papua-Neuguinea nur Knollenfrüchte wie Yams und Süßkartoffeln. Getreidesorten und Mehl als Lebensmittel gab es zwar als Importwaren aus Australien. Doch wie man sie verarbeitet, war den Frauen in den abgelegenen Dörfern noch fast unbekannt. Die Frauen waren so wissbegierig – sogar das Stricken wollten sie von mir lernen, da waren sie ganz scharf drauf!

Nicht als Ethnologin bin ich also in die entlegensten Winkel Papua-Neuguineas gekommen, sondern als Hauswirtschafterin und Sennerin. Mein Almbauer meinte vorher noch: „Da gibt's doch Menschenfresser, da wirst' ned wiederkommen." Aber im nächsten Almsommer war ich wieder da und hatte die Herzlichkeit der Papuas kennengelernt. Zurückgekommen aus der Ferne, habe ich gemerkt, wie sehr ich mich verändert hatte. Nach so einem Aufenthalt fühlt man sich erst einmal nicht so richtig tauglich für die Zivilisation. Da konnte ich auf der Alm das Erlebte in Ruhe verdauen.

Man ist dort oben sehr auf sich gestellt. Im besten Fall merkt man, dass man gut alleine zurechtkommt, auch unter widrigen Umständen. Das gibt einem einen gewissen Wagemut. Man lernt anzupacken. Und man wird eigensinnig. Ich glaube, ich war schon ziemlich eigensinnig, als ich mich dazu entschlossen habe, auf eine Alm zu gehen. Dort droben bin ich es wahrscheinlich noch mehr geworden.

Eine Sache, die mich sehr geprägt hat: die Ruhe auf der Alm. Ich lebe auch heute noch ohne Fernseher. Dabei begegnet man in den Bergen eigentlich sehr vielen Menschen, so furchtbar einsam lebt es sich dort gar nicht. Die Begegnungen oben sind anders als unten. Man begegnet sich von Mensch zu Mensch, ohne den gesellschaftlichen Status, der unten im Tal eine so wichtige Rolle spielt.

Nach dem vierten Almsommer war für mich Schluss auf der Herrenalm. Ich habe geheiratet und bin in Aschau sesshaft geworden. Mit meinem Mann zusammen habe ich eine kleine Käserei aufgebaut und eine Familie gegründet. Nebenbei begann ich in München wieder zu studieren, europäische Ethnologie und Volkskunde.

Herrenalm

Ausgangspunkt: Bernau (Ortsteil Kraimoos) oder
Wanderparkplatz Aigen

Gehdauer: 1 Stunde bzw. 0,5 Stunden

Höhe: 950 Meter ü. NN

Einkehrmöglichkeiten: Während der Almzeit (Juni bis September)
gibt es Getränke in der Flasche und einfache Almbrotzeiten auf der
Herrenalm (Stand Sommer 2017).

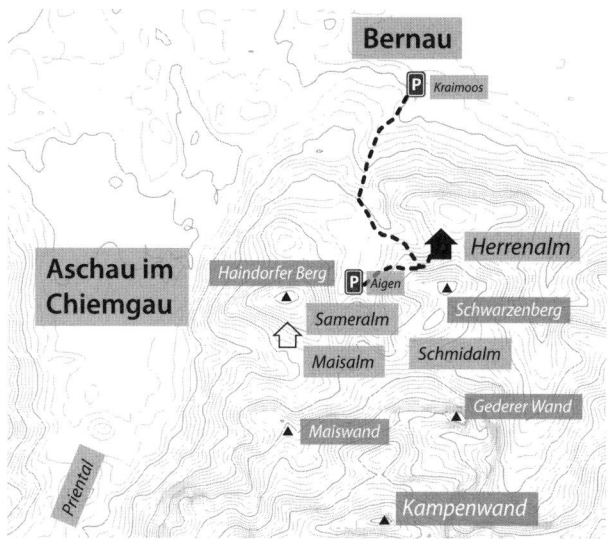

Tourismus und Sennerinnenleben

Bei uns gibt's Oima in der Näh
am Schlier-, am Thier-, am Tegernsee,
die ham net drom nur Kia und Koima
na, des san echte Brotzeitoima.
Do kriagst an Speck, an Kas, a Brot,
a Bier und a an Wein sche rot.
Die ham nur oa Problem, des sog i
nauf kimmst recht leicht, doch ganz schwar obi!

Diese Verse stammen von Hans Zoebelein, dem langjährigen Vorstand der DAV-Sektion Schliersee. Er hat vor Jahren einmal ein kleines „Brotzeitalmenbücherl" zusammengestellt, „zum Eigengebrauch und für gute Berg-Spezl".[74] Darin erklärt er das Wort „Brotzeitalm", analog zu seinem Gedicht, so: Der hungrige Wanderer erreicht die Alm – im Idealfall noch eine urige, kleine Hütte –, wo eine Brotzeit mit Wurst, Speck und Käse, fast immer aus eigener Fertigung, auf ihn wartet. Eine solche Almhütte mit ihrem ganz eigenen Flair ist jedem großen Berggasthaus mit umfangreicher Speisekarte jederzeit vorzuziehen.

Für die touristische Nutzung der Alpen spielen die Almen eine wichtige Rolle. Das gilt für Oberbayern ebenso wie für das Nachbarland Österreich. Man beachte nur, wie in der „Tirol"-Werbung und in den Touristik-Prospekten für das Salzburger Land seit Jahren mit Worten wie „Land der Almen" und „Almsommer" um Gäste geworben wird. Mit dem Aufkommen des modernen Massentourismus in den Alpen erhielten die Almen auch offiziell eine neue, zusätzliche Funktion zugeschrieben. Die Erhaltung der Landschaft als Erholungsraum für Bergwanderer und Touristen wurde zur Aufgabe der Almbauern erklärt. Die traditionelle Almwirtschaft als

Tourismus-Magnet: Almen sind laut einer Broschüre des Bayerischen Staatsministeriums für Ernährung, Landwirtschaft und Forsten „von unschätzbarer Bedeutung"[75] für den Tourismus in Bayern.

1972 sprach sich die bayerische Staatsregierung im Zusammenhang mit einem damals aufgelegten Förderprogramm für die Almbauern dafür aus, einen Nebenverdienst durch einfache Bewirtung von Bergwanderern auf den Almen anzustreben, als zusätzlichen Anreiz auch für den Fremdenverkehr und zur Stützung der Gesamtwirtschaft.[76] Natürlich ist die Bewirtung von Wanderern und Touristen auf den Almen ein willkommenes Zubrot und wird als zusätzliche Einkommensquelle auch von vielen Sennerinnen gerne genutzt. Beim Bewirten von Gästen auf der Alm gibt es jedoch einige Fallstricke.

Da wäre die Sache mit dem Alkoholausschank. Alkoholische Getränke in größeren Mengen ausschenken darf in Deutschland nach dem Gaststättengesetz eigentlich nur, wer die Lizenz dazu hat. Um eine einfache Almhütte als offizielle Gaststätte zu betreiben, also diese Lizenz zu bekommen, sind aber eine Menge Auflagen zu erfüllen. Die Vorgaben aus der Lebensmittel-Hygieneverordnung und dem Infektionsschutzgesetz sind unter den Bedingungen vor Ort auf einer Alm nicht immer umzusetzen. Für die Gästebewirtung auf landwirtschaftlich betriebenen Almen gibt es daher eine Ausnahmeregelung: Bier und Limo in der Flasche dürfen – in geringen Mengen und ohne aus der Flasche umgefüllt zu werden – auch ohne Ausschankgenehmigung verkauft werden, ebenso wie Lebensmittel aus eigener Produktion.

Bierbänke sollte es zur Gästebewirtung auf Almen ohne Schanklizenz eigentlich nicht geben.

Für die Betreiber von gewerblich geführ-ten Gaststätten oder Almwirtschaften in der Region können die einfachen „Brotzeit-almen", mit ihren günstigen Preisen und einem „authentischeren Ambiente", schnell mal zur unliebsamen Konkurrenz werden. Das führt immer wieder zu Konflikten. Und Sennerinnen, bei denen das Geschäft mit Wanderern besonders gut läuft, sehen sich plötzlich mit einer Anzeige konfrontiert. Beim Almwirtschaftlichen Verein, zu dem sich die oberbayerischen Almbauern zusammengeschlossen haben, ist man sich der Problematik bewusst: „Der Almwirt-schaftliche Verein zeigt Verständnis, wenn der steuerzahlende Wirt, der nach dem Lebensmittel- und Gewerberecht erhebli-che Auflagen erfüllen muss, die benach-barte Alm argwöhnisch betrachtet, bei wel-cher der Kundenstrom nicht abreißen will, während bei ihm der Besuch zu wünschen übrig lässt", schrieb dazu dessen Geschäfts-führer schon vor zehn Jahren.[77]

Einem Merkblatt der Regierung von Oberbayern zur Bewirtung auf Almen ist zu entnehmen, dass es auf die Gewinner-zielung ankommt – beziehungsweise auf den Mangel einer solchen. Versprengte Wanderer, die nach einer Brotzeit und dem dazugehörigen Durstlöscher fragen, sollen diese auch bekommen, nur soll die Sennerin dabei nicht reich werden. Eine Bewirtung darf außerdem nur während der Auftriebszeit stattfinden, also gewöhn-lich von Mitte Juni bis Ende September. Und es darf keine Werbung mit Schildern im Tal oder am Weg mit Öffnungszeiten und dergleichen gemacht werden. Mehr als die vor einer Almhütte üblichen ein oder zwei Tische mit Bänken sollten auch nicht dastehen, schon gar keine Biertisch-garnituren.

Die Sameralm oberhalb von Aschau – dieselbe, auf der Anna Reiter viele Jahre Sennerin war – machte im Sommer 2014 als „Brotzeitalm" Schlagzeilen in der örtlichen Presse. Die Alm ist zwar etwas abseits, auf nur 1.000 Metern Höhe gelegen, vom Tal aus aber leicht zu erreichen. Besucher werden mit einem wunderbaren Ausblick auf den Chiemsee belohnt. Seit einigen Jahren schon hatte ein Senner-Ehepaar dort oben fleißig Wanderern Bier und Limo aus der Flasche, Käse- und Speckbrote verkauft. Nach Feierabend trafen sich öfter auch Musiker aus der Gegend zu einem „Almhoagascht". So war die Alm schnell zu einem beliebten Ausflugsziel geworden. Nach dem Besuch eines Lebensmittelkontrolleurs vom Rosenheimer Landratsamt aber war's damit vorbei. Wegen angeblicher Hygienemängel wurde die Sameralm für Wanderer offiziell geschlossen. „Die Auflagen des Landratsamts wie beispielsweise neue Zwischentüren, ein Extra-Raum für Getränke, eine weitere Toilette oder Kanalanschluss können wir nicht erfüllen. Das wird uns und den drei Besitzern zu teuer",[78] bedauerten die Almleute gegenüber der Lokalzeitung.

Die Sameralm oberhalb
von Aschau im Chiemgau

Anni Kirchberger

„Wir hatten's immer lustig.
Es ist viel musiziert und gesungen worden
in der Hütte. Sogar ein Durhameralm-Lied
haben sie mal für mich gedichtet."

Die Durhameralm liegt zwischen Breitenstein und Wendelstein, auf über 1.300 Metern Höhe in einem Kessel am Nordwestausläufer des Wendelsteins. Die Alm ist auf einem nichtöffentlichen Fahrweg erreichbar, der über die Wallfahrtskirche Birkenstein zur Kesselalm führt und von dort weiter Richtung Wendelstein. Diese Route ist Teil des Maximilianswegs, eines Weitwanderweges, der die bayerischen Berge von West nach Ost, vom Bodensee nach Berchtesgaden durchquert. Seinen Namen hat er von König Max II. von Bayern, in Erinnerung an seine „Fußreise" in den bayerischen Bergen im Jahr 1858. Man kann auch von Bad Feilnbach aus über die Wirtsalm zur Aiblinger Hütte wandern. Sie steht bereits im Almgebiet der Durhamer Bauern und die Almhütten liegen in Sichtweite, etwa hundert Meter oberhalb der Alpenvereins-Selbstversorgerhütte. Eine weitere Möglichkeit, zur Durhameralm zu gelangen: von Bayerischzell aus über die Spitzingalmen auf den Schweinsbergsattel. Dort oben verläuft die Grenze zum Durhamer Almgebiet.

Vier Hütten stehen im Kessel nahe beieinander, drei davon werden noch von Bauern aus Durham, einem Ortsteil der Gemeinde Fischbachau, traditionell im Sommer almwirtschaftlich genutzt. Die oberste, größte ist die Braun-Hütte. Hier hatte Anni Kirchberger über 50 Jahre lang die Regentschaft inne.

Solange die Anni auf der Durhameralm war, hatte sie auch immer zwei oder drei Milchkühe droben. Es gab Milch, Buttermilch, Butter, Käse und Geräuchertes, Apfelsaft und Selbstgebrannten vom heimatlichen Hof. Viele Besucher kamen extra deswegen aus dem Tal zu ihr herauf. Oder auch von der nur wenig unterhalb gelegenen Aiblinger Hütte. Sie stärkten sich mit einer Brotzeit, probierten den selbstgemachten Kräuterlikör und vielleicht eine Latschenmass dazu. Das ist eine Weinschorle, im Maßkrug mit einem Latschenkieferzweig serviert, aus dessen angeschnittenen Nadeln das harzig-würzige Aroma in den Wein übergeht. Ein bisschen an griechischen Retsina erinnert das.

Für die Anni und ihre Familie war die Alm viele Jahre lang im Sommer ihr Lebensmittelpunkt. „Ist die Anni nimmer da?", lautete die Frage, die fast jeder zweite Besucher an mich richtete, der bei mir als frischgebackener Sennerin auf der Durhameralm einkehrte. Ich war eine ihrer ersten Nachfolgerinnen, hatte die Hütte zwei Jahre nach ihrem letzten Almsommer übernommen.

Über 75 Jahre ist Anni Kirchberger inzwischen alt. Gesundheitliche Probleme machen ihr zu schaffen, auch die vielen Jahre harter körperlicher Arbeit haben wohl einen Teil dazu beigetragen. Aber ihre Augen leuchten, wenn sie davon erzählt, wie ihr Leben auf der Durhameralm früher war:

Mit Helfern beim Heuen des Almgartens

Anni Kirchberger

Mit elf Jahren war ich als Kuahdirndl das erste Mal im Sommer zum Arbeiten auf der Hochalm meiner Eltern. 1953 war das. Damals konnten für diese Arbeit Kinder noch den letzten Monat im Schuljahr beurlaubt werden. Ich hab's nicht leicht gehabt als Kuahdirn. Denn die Sennerin, die wir damals hatten, war schon älter. Sie machte nur noch die Hüttenarbeit und half mir beim Melken. So blieb mir die ganze andere Arbeit: die Kühe holen, nach de Koima schaun, die Kälber hüten, den Stall ausmisten und was halt noch so alles anfiel. Steine klauben, Unkraut stechen und die jungen Boschen ausreißen auf der Weide natürlich auch.

Die schwerste Arbeit aber war das Abtragen. Ich musste zweimal in der Woche Butter und Topfen hinunter nach Durham und den Proviant für uns wieder hinauf tragen. Der Rucksack war oft sehr schwer, denn wir hatten 13 Kühe zum Melken droben und das ergab sehr viel Butter. Die Kühe mussten damals noch alle mit der Hand gemolken werden. Auch die Zentrifuge und das Butterfass waren von Hand betrieben.

1956, kurz vor der Almfahrt, sagte uns unsere alte Sennerin wegen Krankheit ab. So musste ich mit 13 Jahren schon das erste Mal selbst als Sennerin hinauf. Da hieß es zu Hause: „Mei, jetzt bleibt nix anders übrig, jetzt muasst halt alloa auffi." Vier Kinder waren wir auf dem Braun-Hof, ich war die älteste und hatte noch zwei jüngere Schwestern. Mein Bruder Sepp, der spätere Hoferbe, ist sechs Jahre jünger als ich. Meine jüngeren Geschwister wechselten sich ab, um mir auf der Alm zu helfen.

In der Nachbarhütte war die alte Bäuerin Sennerin, die gab mir oft gute Rat-schläge. Sie hatte auch allgemein das Sagen auf der Alm droben und bestimmte, wann zum Beispiel eine Stallnacht gemacht wurde. Das war früher oft üblich, wenn das Wetter sehr schlecht und kalt war. Dann wurden die Viecher um zwei Uhr nach-mittags auf die Weide gelassen und kamen um fünf wieder in den Stall. Dort blieben sie über Nacht. Es war oft sehr eng, heiß und stickig, wenn alle Viecher im Stall waren. Ich glaube, sie hätten es draußen schöner gehabt, auch bei schlechtem Wetter. Aber das war damals so üblich.

Es war oft nicht einfach für mich in dieser ersten Zeit, die Sennerinnenarbeit zu machen. Der Almgarten war groß und ich musste das Mähen erst richtig lernen. Auch das Heu-Eintragen war eine schwere Arbeit. Aber wir brauchten das Heu, vor allem für die Kälber. 1958 erst wurde der Fahrweg gebaut, der von der Kesselalm um den Berg herum weiter zu den Durhamer Almen führt. Vorher musste alles Nötige am Anfang des Sommers zu Fuß transportiert werden: Viehsalz, Proviant, später auch der Generator für die Melkmaschine.

Für mich ging die Almzeit vom Mai bis in den Oktober hinein. Im Mai waren wir mit dem Vieh auf der Niederalm, die vom Hof nur eine halbe Stunde weit weg ist. Deshalb habe ich die Arbeit dort von zu Hause aus machen können. Ab Peter und Paul, also eine Woche nach Sonnwend, durften wir mit den Viechern auf die Hoch-alm. Das ist für die Durhamer Almen so festgeschrieben. Dort waren sie zwei Monate, dann bin ich mit ihnen wieder bis Anfang, Mitte Oktober auf der Niederalm gewesen.

Ich war auch bei Regen oder Nebel immer gerne unterwegs, es gibt ja gute Klei-dung fürs schlechte Wetter. Wenn's geregnet hat oder neblig war und ich die Tiere gesucht habe, da ist die Stimmung in den Bergen ganz besonders. Man hat dann die Alm für sich alleine, denn bei schlechtem Wetter sind keine Wanderer unterwegs.

Ich kann mich an Almsommer erinnern, in denen es öfter mal geschneit hat. Einmal, ich glaube es war 1954, da hatten wir die Tiere gerade auf die Hochalm gebracht, Anfang Juli. Da wurde es so kalt und schneite so stark, dass der Schnee fast eine Woche lang lie-gen blieb. Wir mussten die Viecher die ganze Zeit im Stall behalten und mit Heu füttern. Wenn's später im Jahr gewesen wäre, hätten wir sie halt ins Tal runtergebracht. Aber wir waren ja gerade erst raufgekommen, da konnten wir doch nicht gleich wieder abziehen.

Ich war damals noch ein Kind und mit unserer alten Almerin droben, die aus Rosenheim stammte. Dort war wegen des schlechten Wetters der Inn über die Ufer getreten und ein Hochwasser. Ich kann mich gut erinnern, wie sie vor dem Ofen geses-sen ist und geweint hat, als sie erfahren hat, dass bei ihr zu Hause wegen des Hoch-wassers alles überschwemmt war.

Die Hütte ist 1951 neu und größer als vorher gebaut worden, nachdem über die alte im Winter eine Lawine drüber weggegangen ist. Dazu hat man die alte Hütte erst noch stehen lassen. Unsere Winterpächter haben im Sommer eine Bruchsteinmauer drumherum errichtet. Und im Herbst, als wir mit dem Vieh drunten waren, haben sie die alte Hütte ganz abgerissen und die neue aufgebaut. Die Winterpächter, das war ein Gruppe Schifahrer aus München, von denen die meisten bei der Bahn gearbeitet haben. Da waren Handwerker dabei, die die Hütte auch über den Winter gut in Schuss gehalten haben. Sie konnten sie ja zehn Monate im Jahr nutzen, weil wir nur zwei Monate im Sommer mit den Tieren droben auf der Hochalm sind. Sie waren damals jedes Wochenende draußen, haben das Baumaterial zum Teil zu Fuß raufgetragen, sogar den Zement, von Geitau aus. Die Winterpächter haben sich immer sehr gut um die Hütte gekümmert. Sie haben sogar den Keller mit der Hand ausgehoben und auch beim Bau der neuen Odelgrube geholfen.

1967 habe ich geheiratet. Wenn mein Mann es nicht gemocht hätte, dass ich die Alm weitermache, dann wäre es vielleicht anders gekommen. Aber er war als Kind selbst drei Jahre lang Kuhbua, war immer gerne auf der Alm und hat mir fleißig geholfen. Mein Mann hat unten im Tal als Maurer gearbeitet, ist nach der Arbeit und am Wochenende auf die Alm gekommen.

Auch meine Kinder waren immer heroben, wenn's ging. Vor allem meine Tochter Rita hat eine sehr enge Beziehung zur Alm. Sie ist manchmal sogar nach der Schule zu mir raufgekommen und am nächsten Tag in der Früh wieder runtergelaufen. Meine drei Kinder sind auf der Alm groß geworden und auch meine Enkel waren viel bei mir droben.

Ich habe viele Gäste gehabt, die mich regelmäßig auf der Alm besucht haben. Ein Ehepaar aus Aachen zum Beispiel war jedes Jahr drei Wochen im Urlaub da. Die beiden sind immer über die Leiter hinten ins Heu raufgestiegen und haben dort in dem kleinen Kammerl geschlafen. Sie besuchen mich auch heute noch. Anfangs hatten sie eine Ferienwohnung im Tal, kamen aber fast täglich zu mir auf die Alm. Bis sie eines Tages beschlossen, einmal über Nacht droben zu bleiben. Die Frau ist extra wieder runter ins Tal gelaufen und hat die Zahnbürstel geholt. Aber mei, er war ja so etepetete. Da haben wir im Stall eine große Blechwanne aufgestellt, dort ist heißes Wasser vom Herd reingekommen – da konnten sie sich waschen.

Am schönsten war es für mich, am Abend noch mit Besuchern aufs Türkenköpfl zu steigen. Am Gipfelfelsen hat mal einer Edelweiß angepflanzt – die wachsen bei uns ja sonst nicht. Es gibt sie, glaube ich, immer noch. Bei Sonnenuntergang dort oben zu sitzen und die Aussicht zu genießen, das ist einfach wunderschön. Die letzten Sonnen-

Blick vom Schweinsberg
in Richtung Süden

Die Braun-Hütte auf
der Durhameralm liegt
auf 1.348 Meter Höhe.

strahlen wärmen dich und färben die Felswände am Wendelstein, das Tal drunten liegt schon im Schatten.

Wir hatten's auch immer lustig, wenn Besuch da war. Es ist viel musiziert und gesungen worden in der Hütte. Die Aachener haben sogar einmal ein Lied für mich gedichtet, das Durhameralm-Lied, und ein Liederbücherl für die Hüttenabende gemacht. Das Buch müsste immer noch auf der Alm sein. Ich habe vieles nicht mitgenommen beim Abschied.

Nach zwei künstlichen Hüften und einer komplizierten Schulteroperation war es für mich 2007 an der Zeit, aufzuhören. Alles hat einmal ein Ende, da kann man nichts machen. Es war eine schöne Zeit auf der Alm. Natürlich war nicht alles Sonnenschein. Du hast schönes Wetter und du hast schlechtes Wetter. Es gab verregnete Sommer und es gab so trockene, dass wir Wassernot hatten. Das gehört alles zum Almleben dazu!

Durhameralm

Ausgangspunkt: Bushaltestelle Birkenstein/Fischbachau, Wanderparkplatz Wallfahrtskirche Birkenstein

Gehdauer: 2 bis 2,5 Stunden

Höhe: 1.350 Meter ü. NN

Einkehrmöglichkeiten: Kesselalm (nach ca. 1 Std. Gehzeit, ganzjährig
geöffnete Bergwirtschaft); Aiblinger Hütte (Selbstversorgerhütte des
Deutschen Alpenvereins, an den Wochenenden von April bis November offen für Wanderer allgemein, mit Hüttenwart). Bei den Durhamer Almen gibt es während der Almzeit (Juli/August) an der
Braun-Hütte einfache Brotzeiten und Getränke in der Flasche zu
kaufen (Stand Sommer 2017).

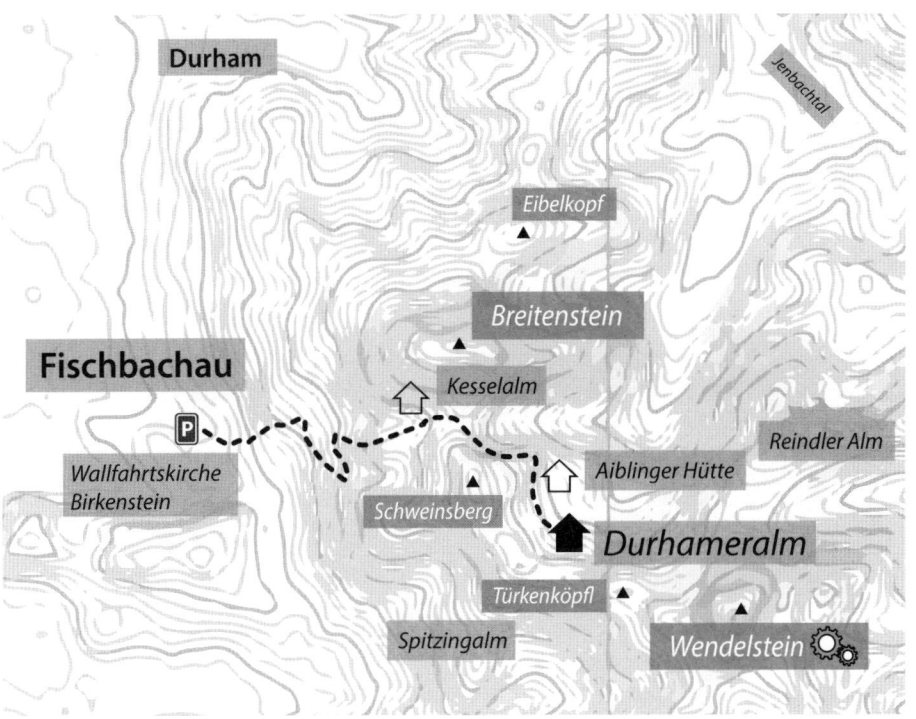

Die Alm als neuer Sehnsuchtsort für Frauen

Sennerin sein ist wieder „in". In den letzten Jahren ist es geradezu ein Trend geworden, das Arbeiten auf der Alm. Das bestätigt auch der Almwirtschaftliche Verein Oberbayern in Holzkirchen: „Wir können längst nicht alle vermitteln, die bei uns anfragen", erklärt man mir in der Geschäftsstelle. Bis zu 350 Bewerbungen für einen Sommer gehen dort jährlich ein. Aber nur etwa 40 frei werdende Almstellen können vergeben werden. Es ist also gar nicht so leicht, an eine solche Almstelle zu kommen. Der Bergwanderboom verstärkt den Trend noch zusätzlich, weil die Menschen auch mehr Kontakt zu den Almen und ihren Bewohnern bekommen.

70 Prozent Frauen und 30 Prozent Männer bewerben sich um die wenigen freien Almstellen in Oberbayern. Aus Erfahrung weiß man beim Almwirtschaftlichen Verein, dass Frauen auch leichter vermittelt werden können als Männer. Die bayerischen Almbauern sehen nach wie vor lieber Frauen als Männer auf ihren Almen. Viele Almen haben einen Ausschank dabei, liegen in Wanderregionen und werden auch von Touristen besucht. Für solche Almen mit Bewirtschaftung werden vor allem jüngere Frauen gesucht.

Viele frei werdende Stellen, vor allem die auf besonders schönen Almen, würden aber unter der Hand weitervermittelt. „Davon bekommen wir hier gar nichts mit",

Sabine Schwaiger mit treuem Begleiter am Berg

Gänse auf der Alm von Sabina Bichler

erklärt der Geschäftsführer des Almwirtschaftlichen Vereins Michael Hinterstoißer. Denn die langjährigen Almerer seien untereinander gut vernetzt. Voraussetzung für eine Vermittlung durch die Geschäftsstelle des Almwirtschaftlichen Vereins ist es auch, dass etwas landwirtschaftliche Erfahrung vorhanden ist. Wer die nicht hat, dem wird vorab die Teilnahme an einem Almlehrgang ans Herz gelegt, denn unvorbereitet soll niemand zum Arbeiten auf die Alm geschickt werden.

Warum übt die Arbeit auf der Alm gerade heute wieder eine so große Anzie-

hungskraft aus? Und warum besonders auf Frauen? Eine heile Welt wird auch dort oben niemand finden. Aber die Sehnsucht nach Ursprünglichkeit, nach einem einfachen Leben in der Natur, einer Reduktion aufs Wesentliche, das Bedürfnis nach Erdung, nach Entschleunigung – all das kann die Arbeit als Sennerin bis zu einem gewissen Grad durchaus erfüllen. „Über den Wolken" – auch dieses Gefühl stellt sich auf einer Alm schnell ein: weit weg von den Niederungen des Alltags, dem Lärm der Stadt und all den lästigen Verpflichtungen unten.

Wer es einmal gemacht hat, der ist entweder für immer von seiner Sehnsucht geheilt. Weil das Leben als Sennerin doch anders ist als erwartet. Oder aber man wird es immer wieder machen wollen. Dann hat einen das erwischt, was in der Schweiz das „Älplervirus" genannt wird und in Bayern die „Almerinnenkrankheit".

Dora Danner, „'s Huber Dorei", beim Almabtrieb 1955 von der Lechneralm

Sabina Bichler mit geschmückter Kuh

Daniela Nuber

„Ich habe diesen Sommer tatsächlich als ein Aussteigen empfunden: Mal raus aus allem, was ich bisher gemacht hatte.“

Von einem „Grundgefühl des Glücks, das ich mit dieser Zeit verbinde", spricht sie rückblickend immer noch, auch sieben Jahre nach ihrem Almsommer. Mit Mann und zwei kleinen Kindern lebt sie inzwischen ihren großstädtischen Alltag in München. Doch Daniela Nuber ist mit dem Herzen ein Stück weit Almerin, also Sennerin geblieben. Wir treffen uns das erste Mal auf einem Spielplatz im Stadtviertel Haidhausen, da ist sie gerade hochschwanger. Ihr dreijähriger Sohn beschäftigt sich im Sandkasten, während wir gemeinsam in Almerinnerungen schwelgen. Als ich sie einige Monate später zu Hause besuche, ist auch sein kleiner Bruder auf der Welt und braucht zwischendurch ihre Aufmerksamkeit.

Von Beruf ist Daniela Nuber eigentlich Marketingexpertin. Und außer, dass sie einfach gerne in den Bergen unterwegs ist, hatte sie vorher so gut wie keine Berührungspunkte mit der Almwirtschaft. Als Städterin ohne landwirtschaftlichen Hintergrund war es für die Dreißigjährige ein echtes Abenteuer, sich ihren Traum vom Sommer als Sennerin in den Bergen zu erfüllen. Wie es dazu kam, darüber schreibt sie:

Der entscheidende Augenblick für meinen Entschluss kommt eines Abends, als ich bei einer Arbeitskollegin eingeladen bin, die sich auf einem schönen Bauernhof eingemietet hatte. Von der landwirtschaftlichen Idylle um uns herum angesteckt, erzähle ich

Das kleine Almdorf unterhalb des Trainsjochs mit Bergkapelle

von meinem Almsommertraum und erhalte als Gegenfrage, die von tiefstem Herzen kommt und so ehrlich klingt, dass sie mich nachdenklich stimmt: „Und warum machst du es nicht einfach?"[79]

Ja, warum eigentlich nicht? Als sie an diesem Abend nach Hause fährt, ist es für sie beschlossene Sache: Sie will alles daran setzen, für einen Sommer Sennerin zu werden. Die Alm, auf der sie dieses Vorhaben in die Tat umsetzte, liegt auf etwa 1.400 Metern Höhe in den Tiroler Bergen, aber ganz nahe an der bayerischen Grenze. Es ist die Trainsalm. Über das Trainsjoch verläuft die Grenze zwischen Bayern und Österreich. Für Wanderer empfiehlt sich der Weg hinauf übers Trockenbachtal und die Trockenbachalm. Er beginnt gleich hinter dem Ursprungpass, an der kleinen Verbindungsstraße zwischen Bayrischzell und dem österreichischen Landl. Oder man wandert von Landl oder Hinterthiersee aus über den Hinteren Sonnberg zur Trainsalm hinauf. Eigentlich ist es ein kleines „Almdorf", mit mehreren Hütten und einer kleinen Kapelle. Eine der Hütten ist außerdem zugleich eine Jausenstation.

Am Küchentisch in ihrer Wohnung in München erzählt mir Daniela Nuber, wie sie im Sommer 2010 zu ihrer Almstelle kam und die Trainsalm für ein paar unvergessliche Monate zu ihrer Wahlheimat wurde:

Gefunden habe ich meine Almstelle übers Internet. Es gibt da ja verschiedene Plattformen, auch der österreichische Almwirtschaftliche Verein hat eine Internetseite mit einem Anzeigen- und Stellenmarkt.[80] *Dort hatte ich eine Anzeige geschaltet und bin daraufhin von meinem Bauern angeschrieben worden. Wir haben gleich vereinbart, dass ich am Wochenende zum Probearbeiten vorbeikomme. Und es hat gepasst! Der Bayerische Almwirtschaftliche Verband vermittelt ebenfalls Stellen, aber verlangt, dass man vorher einen Melk- und Tierhaltungskurs absolviert haben*

Blick auf den Wilden Kaiser

Bergimpressionen und Eingang zum Stall

Käsetuch im Wind

sollte. Und dafür war's zu knapp, dafür hatte ich leider keine Zeit mehr vor Beginn des Almsommers. Ich hatte mich also eigentlich so gut wie gar nicht vorbereitet auf diesen Sennerinnenjob. Das würde ich im Nachhinein so niemandem empfehlen. Aber ich hatte einfach Glück, mit meinem Almbauern und dieser Alm.

Erfahrung mit Kühen hatte ich vorher keine und ich konnte auch nicht melken. Trotzdem wollte ich mir eine „richtige" Alm suchen, mit Milch und Kühen und allem Drum und Dran. Diese Idee war natürlich nicht so leicht zu verwirklichen. In den bayerischen

Daniela Nuber bei der Stallarbeit

*Bergen gibt es ja kaum noch Almen mit Milchkühen, dort ist oft nur Jungvieh zu
hüten. Auch eine Alpstelle in der Schweiz habe ich schnell ausgeschlossen. Da arbeitet
man oft im Team mit einer strengen Hierarchie zwischen Senn, Zusenn, Hirten und
Hilfskraft, die alle zusammen eine Alp bewirtschaften.*

*Bei meinen ersten Bewerbungen auf Almstellen kamen dann natürlich Fragen
wie: „Was können Sie denn schon?“ oder „Hast schon an Melkkurs g'macht?“ – „Äh ...
mmh“, da musste ich passen.*

*Das Schicksal hat mir dann diese Stelle verschafft, die für mich genau das Rich-
tige war. Es war schon Mai und die Kühe waren bereits auf der Alm. Dem Bauern war
kurzfristig jemand anderes abgesprungen. Ich hatte auch schon meinen Job in München gekündigt und immer noch keine passende Alm gefunden. Beim Probearbeiten
haben wir schnell gemerkt: Zwischen uns, das passt. Und die Alm war einfach ein
Traum. Der Bauer ist anfangs täglich hinaufgefahren und hat mich angelernt. Er hat
mir alles ganz genau gezeigt, wie ich das Melken machen soll, welche Kühe als erstes
drankommen usw. So habe ich die notwendigen Handgriffe schnell gelernt.*

*Ich hatte einfach ein Wahnsinnsglück. Auch, dass ich auf einer Alm mit so vielen
hilfsbereiten Almnachbarn gelandet war. Bei Problemen wusste ich immer, wo ich*

hingehen konnte. Das war absolut ideal für mich. Gleich am Anfang des Almsommers, nach zehn Tagen, habe ich mir einen Bänderriss zugezogen, konnte einige Tage nur mit Krücken gehen und hatte dann eine Schiene am Bein. Wenn ich da meine Nachbarinnen nicht gehabt hätte, hätte ich wahrscheinlich die Sache abbrechen müssen. Sie haben mir in der Zeit zum Beispiel geholfen, die Kühe in den Stall zu bringen.

„Ja, die aus der Stadt …", hieß es natürlich. Anfangs habe ich als absolute Anfängerin aus der Stadt schon Skepsis gespürt bei den anderen. Sie waren aber alle sehr nett zu mir, obwohl sie am Anfang gedacht haben: „Schaun wir's uns amoi an, aber die macht's eh ned lang!" Das haben sie mir am Ende der Almzeit auch mal gesagt: Dass sie nicht geglaubt hätten, dass ich bis zum Schluss durchhalte.

Außer mir war aus Bayern noch die Theresia auf der Alm. Sie ist ein paar Jahre jünger als ich. Somit waren wir beide „de zwoa Boarnmädl" (die zwei Mädchen aus Bayern). Mir war das ja gar nicht so richtig bewusst, zwei Kilometer hinter der bayerischen Grenze, dass ich nicht mehr auf Heimatboden stehe. Aber allzu große Verständigungsprobleme mit den Tirolern hatten wir wenigstens keine.

Natürlich war vieles anders, als ich es mir vorher vorgestellt hatte. Vor allem war das Leben auf der Alm viel weniger einsam, als ich mir das gedacht hatte. Ich hatte zum Teil weniger meine Ruhe als in der Stadt. Diese Gastfreundschaft, der Brauch der stets offenen Tür, das war für mich ungewohnt und hat mich gerade am Anfang gestresst. Die Einheimischen haben das komisch gefunden, glaube ich. Für sie war es ganz selbstverständlich, dass jederzeit unangekündigt jemand an die Hüttentür klopfen kann. Dann heißt es einfach: „Mogst an Kaffee oder an Schnaps?"

Ich muss ehrlich zugeben, ich war nicht so gastfreundlich wie die anderen. Gerade wenn man sich mal ein Stünderl hinlegen will, kommt jemand. Mal sind's die Leute aus dem Dorf, die die neue Sennerin anschauen wollen. Mal ist's der Jäger oder der Kaminkehrer. Jeder erwartet, dass er mit der Gastfreundschaft der Sennerin rechnen kann, möchte zu einem Bier oder einem Stamperl Schnaps nicht nein sagen. Man muss da immer gute Miene zum bösen Spiel machen, egal zu welcher Tages- und Nachtzeit. Das war mir vorher nicht klar und ich fand das entsprechend befremdlich. In der Stadt ist die Wohnungstür zu und ich hab meine Ruhe, wenn ich will. Da kommt kein Fremder einfach so ohne Ankündigung auf einen Kaffee vorbei. Da kam dann doch die Städterin in mir raus.

Was für mich auch unerwartet war: wie sauber und gewissenhaft man arbeiten muss. Die ganzen Hygienevorschriften beim Melkgeschirr und die strengen Kontrollen,

Daniela Nuber mit Kälbchen Laura

wie hoch die Keimzahlen in der Milch sein dürfen usw. Früher haben sie die Milch mal durch eine Rohrleitung ins Dorf runtergeschickt. Irgendwann hat das den hygienischen Anforderungen nicht mehr genügt. Jetzt fährt alle zwei Tage der Milchtankwagen über die ausgebaute Forststraße auf die Alm hoch.

In meinem Buch habe ich auch davon geschrieben, dass das für mich wie der Zeugnistag in der Schule war. Immer wenn ich den Zettel mit den Ergebnissen der Milchprobe bekommen habe, auf dem die Zell- und Keimzahlen der Milch stehen und ob die Milchqualität in Ordnung ist: Das war wie Noten bekommen für die Qualität meiner Arbeit.

Man muss schon was leisten auf der Alm. Gerade die körperliche Arbeit war ich nach meiner Bürotätigkeit natürlich gar nicht gewöhnt, obwohl ich schon recht sportlich bin, aber das sind halt ungewohnte Belastungen. Ich hatte ordentlichen Muskelkater. Und nach den ersten zwei Wochen kam so langsam der Gedanke: Jetzt könnte ich mal einen Tag Pause brauchen. Und du merkst: Der Tag kommt einfach nicht! Es geht immer so weiter, jeden Tag. Hut ab vor allen, die diese Arbeit das ganze Jahr über machen. Ob sonn- oder werktags, Silvester oder Weihnachten: Milchbauern haben nie frei, müssen jeden Tag aufstehen und in den Stall.

Außerdem hatte ich mir vorher ausgemalt, dass ich öfter mal wandern gehen könnte. Abgesehen von meinem Bänderriss, der mich daran gehindert hat: Dazu hat mir einfach die Zeit und die Energie gefehlt. Gerade morgens musste man eh auch mal weiter laufen, um die Tiere zu finden und heimzutreiben. Ich habe es in dem Sommer ganze zwei Mal auf den Gipfel des Trainsjochs geschafft: am ersten Tag und am letzten.

Und was ich als Laie auch nicht gedacht hätte – ich hab gelernt, die Kühe voneinander zu unterscheiden. Wenn man mit den Tieren vorher nichts zu tun hatte, mag man kaum glauben, dass man die auseinanderhalten kann. Aber natürlich kannte ich nach kurzer Zeit sowohl meine Herde, als auch jede einzelne Kuh und jedes Kälbchen namentlich mit all ihren Charakterzügen.

Was sich durch diesen Almsommer bei mir verändert hat? Eine der großen Erkenntnisse war für mich, mit wie wenig man im Leben eigentlich auskommen kann. Die zwei Taschen voll mit Zeug, mit denen ich auf die Alm gegangen bin, das hat den ganzen Sommer über gereicht. Klara, eine meiner Almnachbarinnen, hat mal zu mir gesagt: „Alles, was du unten die ganze Zeit brauchst, brauchst du hier heroben nicht." Und das stimmte wirklich. Als ich wieder in der Stadt zurück war, dachte ich mir anfangs auch: Das viele Zeugs, das brauche ich doch eigentlich gar nicht. Aber mit der Zeit gewöhnt man sich eben doch wieder an den alten Trott. Trotzdem, das Wissen bleibt: Ich könnte auch anders leben.

Dann die Natur: Die gibt so viel Kraft. Das ist Wahnsinn! Es war wirklich ein ganz tolles Erlebnis, das ich mitgenommen habe: dieses Nah-dran-sein an der Natur. Auch wenn's oft schlechtes Wetter war in diesem Sommer und alle gejammert haben: „Was für einen schlechten Sommer wir heuer haben!" Ich fand das gar nicht so schlimm. Man ist so nah dran am Wetter, am Himmel und an dem, was von ihm runterkommt. Ich habe es überhaupt nicht so empfunden, dass immer die Sonne scheinen muss. Dann zieht man halt eine Regenjacke an und geht raus. Und ich hab auch ganz viel über Kräuter gelernt von Marei und Theresia, meinen Nachbarinnen. Ich hätte nie gedacht, welche Schätze in so einer Almwiese stecken. Dieses Wissen über die Heilkräfte aus der Natur nimmt man natürlich mit.

Langfristig geblieben ist mir auch das Wissen, was hinter einer Tüte Milch steckt. Ich kaufe nur noch hochwertige Milch, am liebsten die von Demeter-Höfen, wo die Kühe noch Hörner haben dürfen, so wie auch „meine Kühe". Das waren ordentliche Geweihe sogar, die mir vor allem anfangs ganz schön Respekt eingeflößt haben. Das war mir auch nicht richtig bewusst vorher. Mir hat schon immer ein bisserl das Herz geflattert, wenn die ganze Herde so in den Stall gedrängelt kam, auch wenn ich im Laufe der Zeit viel routinierter geworden bin. Ich musste den Kühen an ihrem Platz auch die Kette um den Hals legen und sie anbinden. Das heißt, jede Kuh einmal intensiv umarmen, egal wie imposant ihre Hörner sind. Da hatte ich grade am Anfang schon ganz schön Herzklopfen dabei. Natürlich nicht bei allen. Bei manchen wusste ich schnell: Die sind ganz sanft und halten still, da passiert nix. Oder bei der kleinen „Frech" mit ihren Stumperln. Aber bei anderen war mir doch manchmal mulmig. Zum Beispiel die „Silber", die war von ihrer Rangstellung quasi die „Vize-Leitkuh" in der Herde.

Bei ihr und der großen Glockenkuh, der „Schweizer", musste ich ja auch noch mal extra ran, weil ich nachmittags im Stall immer ihr Glockenband abgenommen hab und am Abend wieder dranmachen musste. Das war meinem Bauern ganz wichtig, damit sich keine wundscheuert mit dem Lederriemen. Das war jetzt nicht unbedingt meine Lieblingsaufgabe. Aber die Tiere sind ja im Grunde sehr friedlich und wir haben mit der Zeit wirklich eine gute Wellenlänge gefunden. Und ich fand es wunderschön, am Nachmittag vor der zweiten Melkzeit zwischen den dampfenden, käuenden und schnaubenden Tieren durch den Stall zu gehen – was für eine friedliche und schöne Atmosphäre das ist, das muss man erlebt haben.

Kurzfristig gab es bei mir natürlich auch körperliche Veränderungen, denn durch die ganze Arbeit, sei es Mist schaufeln oder Milchkannen schleppen, hab ich ordentliche Muskeln bekommen. Das schaffst du in keinem Fitness-Studio in so kurzer Zeit.

Langfristig geblieben von diesem Sommer ist mir auch: Ich weiß, ich kann noch etwas anderes als nur im Büro sitzen und Marketing. Ich weiß jetzt, es gibt noch mehr, es gibt noch andere Möglichkeiten im Leben. Ich weiß auch, ich kann etwas schaffen! Ich habe es geschafft, diesen Traum von einem Sommer auf der Alm zu verwirklichen und den Sommer durchgehalten, trotz vieler Hindernisse und obwohl viele mir das nicht zugetraut hatten.

Ich habe seither nicht mehr diesen geradlinigen Lebenslauf wie vorher. Ich traue mich mehr und schaue mir auch andere Seiten im Leben an. Überlege: Was gibt es noch anderes? Was möchte ich eigentlich machen? Klar, im Rahmen meiner Möglichkeiten, denn mit Familie ist man nicht mehr ganz so flexibel.

Ich habe diesen Sommer tatsächlich als ein „Aussteigen" empfunden. Mal raus aus allem! Ich hatte bis dahin geglaubt, ich bräuchte das: den festen Job als Angestellte. Dieses ganze Sicherheitsdenken. Für mich war das schon ein Aussteigen aus dem System, um mal einen ganz anderen Blickwinkel zu bekommen.

Natürlich, ich bin wieder zurückgekehrt. Aber trotzdem weiß ich jetzt: Es muss nicht immer so sein. Ich kann mir auch etwas anderes suchen. Ich könnte wieder so etwas machen wie diesen Almsommer, wenn ich will. Das Leben muss nicht immer so geradlinig verlaufen. Etwas Sicherheit aufzugeben lohnt sich. Es ist ja nicht so, dass man gleich zum Sozialfall wird, nur weil man mal etwas Außergewöhnliches wagt. Es rentiert sich einfach, diesen Trampelpfad immer mal wieder zu verlassen.

Gleich nach diesem einen Sommer war ich überzeugt davon, dass es unmöglich sein würde, das Erlebte zu toppen. Dass es sowieso nicht noch einmal so schön werden könnte. Eine direkte Wiederholung dieses Almsommers auf der Trainsalm wäre auch gar nicht möglich gewesen. Ich hätte mir eine neue Sennerinnenstelle suchen müssen. Mein Almbauer hat im nächsten Jahr seinen Betrieb von Milchvieh- auf Mutterkuhhaltung umgestellt.

Aber die Sehnsucht bleibt. In den Bergen zu sein, ist für mich einfach das Schönste. Ich liebe die Berge! Wir sind auch jetzt mit den Kindern viel in den Bergen unterwegs. Und die Alm ist für mich schon noch ein Thema. Irgendwann möchte ich vielleicht noch einmal mit den Kindern gemeinsam auf eine Alm, wenigstens einen Sommer lang, bevor die beiden in die Schule kommen. Vielleicht kann ich sie ja auch anstecken mit diesem „Almerer-Virus".

Auch ihre Almnachbarinnen hat Daniela Nuber immer noch in guter Erinnerung. Mit Theresia, der jüngsten Nachbarin, ist sie seit dem Almsommer befreundet. Sie hat beim Almbauern eingeheiratet und lebt jetzt in Thiersee.

Marei, die älteste der Sennerinnen, lebt inzwischen nicht mehr. Sie ist während eines Almsommers mit 88 Jahren gestorben. Marei war es, die immer dafür sorgte, dass die Sennerinnen jeden Tag in der kleinen Almkapelle zum Rosenkranzbeten zusammenkamen. Ob das künftig noch jemand tun wird? Diesen alten Brauch hat Daniela Nuber sehr schön beschrieben:

Rosenkranz

Fester Bestandteil des Tagesablaufs auf der Alm ist das tägliche Läuten der Glocke in der kleinen Kapelle, die sich in der Mitte der Alm befindet. Marei, die älteste Sennerin auf der Alm, ruft so seit Jahren zum allabendlichen Rosenkranzgebet. Es dauert zwei Wochen, bis ich zum ersten Mal dazu stoße. Es ist eine kleine Runde, die sich jeden Abend zum Gebet trifft. Marei ist die Vorbeterin und Klara die treueste Besucherin des Rosenkranzes. Je nach Zeit steigt auch Greti von der Jausenstation hinauf zur Kapelle. Ich bin dem Rosenkranzgebet etwas skeptisch gegenüber eingestellt. Wie die meisten Menschen, empfand ich es besonders als Kind eher langweilig. Ich bin katholisch, ich

Die Antoniuskapelle im Kaisertal – von dort sind's ca. 15 Kilometer Luftlinie bis zur Trainsalm.

gehe auch heute noch hin und wieder in die Kirche. Außerdem will ich hier alle Aspekte des Almlebens kennen lernen – also folge ich nach zwei Wochen endlich dem Ruf der Glocke und gehe zur Kapelle.

Sie ist sehr klein – maximal acht Leute finden einen Sitzplatz, aber so viele sind wir ohnehin nie beim Gebet. Klara, Marei und Greti, die anderen Sennerinnen, freuen sich über den Zuwachs. Nach einem kurzen Plausch wird es ruhig, Marei fängt an – sie betet vor, wir anderen beten nach. „Gegrüßet seist du, Maria, voll der Gnade, der Herr ist mit dir ...“ Die Stimme beruhigt, draußen entfernt sich das Gebimmel der Kuhglocken immer weiter – die Kühe müssen schon fast über den Hang sein – wir beten nach – immer die gleichen Worte und es dauert nicht lange und ich bin unendlich ruhig, eingehüllt in den monotonen Singsang des Vorbetens von Marei und dem Antwortgebet von uns dreien – es ist wie ein Mantel, der sich um mich legt oder wie innerlich gestreichelt werden – es ist wie Meditation ... und kein bisschen langweilig.

Nach dem eigentlichen Rosenkranz folgen noch viele Gebete, die ich nicht kenne, und den Schlusspunkt setzt ein Lied, das Klara auswählt, da sie am besten singen kann. Die anderen fangen sofort an zu plappern, als wir fertig sind, aber ich bin wie betäubt. So entspannt und ruhig fühle ich mich selten – ich mag mich eigentlich kaum bewegen, um diesen Zustand nicht zu verscheuchen. Marei bläst alle Kerzen aus, die sie am Altar angezündet hatte, und gießt ganz sorgfältig das überschüssige flüssige Wachs in einen dafür vorgesehenen Behälter. Ich genieße es wie eine Art Abspann, ihr bei dieser Tätigkeit zuzusehen, die sie mit so viel Hingabe ausführt.[81]

Trainsalmen

Ausgangspunkt: Ursprungpass (gleich hinter der deutsch-österreichischen Grenze), an der Straße zwischen Bayrischzell und Landl; Bushaltestelle und Wanderparkplatz

Gehdauer: 3 bis 4 Stunden

Höhe: ca. 1.300 Meter ü. NN

Einkehrmöglichkeiten: nach ca. 1,5 Std. Gehzeit Jausenstation Mariandlalm (obere Trockenbachalm, Bergwirtschaft); Jausenstation auf der Trainsalm: während der Almzeit almübliche Produkte; donnerstags gibt's Schmalznudln und oft auch Musik (Stand Sommer 2017).

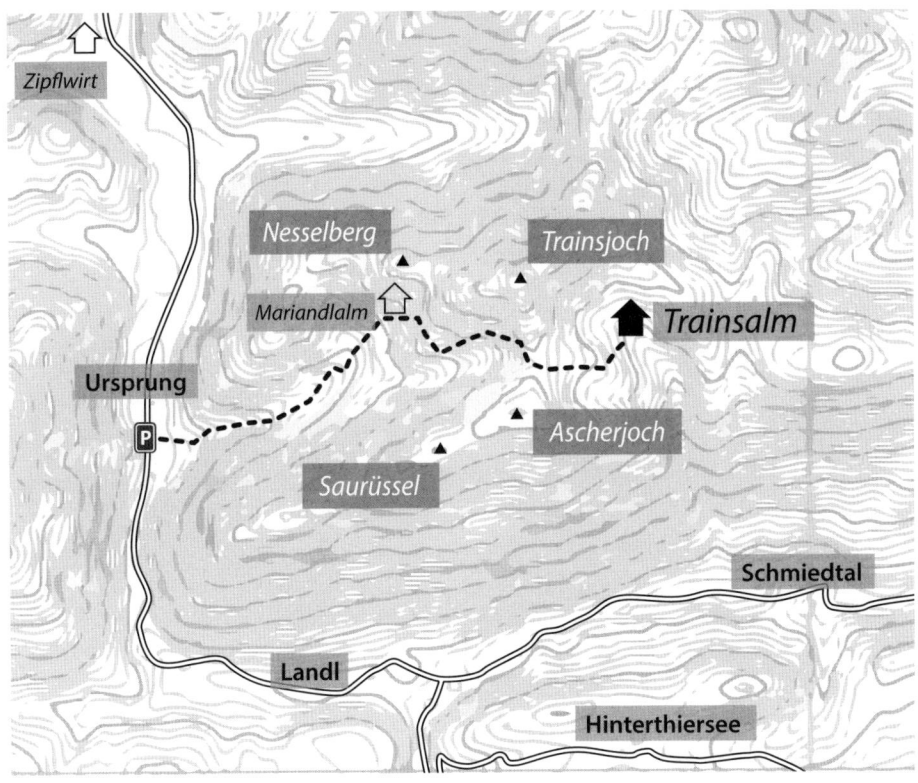

Stadtluft macht frei?

„Stadtluft macht frei": Dieser Spruch geht auf einen alten Rechtsgrundsatz aus dem Mittelalter zurück. „Stadtflucht macht frei nach Jahr und Tag", lautete dieser. Untergebene konnten sich der Leibeigenschaft entziehen, indem sie hinter die Mauern einer Stadt flüchteten. Wenn es ihnen gelang, ein Jahr lang dort zu leben, waren sie frei von allen Verpflichtungen ihrem Grundherren gegenüber.

Heute verwendet man den Satz gelegentlich, um auszudrücken, dass das Leben in der Großstadt freier und ungebundener sei als auf dem Land. Urbanes Leben, das bedeutete lange Zeit ein Leben in Freiheit und Fortschritt, in unmittelbarer Nähe zu kulturellen Veranstaltungen, Museen, Opernhäusern, Bibliotheken, Kinos usw. Einfach zu allem, was das Leben bereichert und angenehm macht.

Sabina Bichler

Blick auf die Farrenpoint (1.273 Meter) mit Hansenalm und Huberalm von der Rampoldplatte aus: ein schöner Aussichtsberg im Wendelsteingebiet

Aber ist das immer noch so? Heutzutage suchen viele Menschen wieder den Rückzug aufs Land, in die Natur, um sich frei zu fühlen. Frei von der Enge der Städte, der Hektik, den Zwängen und Verpflichtungen ihres Alltags. Wir sehnen uns nach einem „einfachen, natürlichen Leben" als Reaktion auf eine immer komplexere Umwelt.

Die Berge eignen sich dazu besonders gut. Die Alm als „Lebensgefühl", das ist es wohl, was die meisten Menschen suchen, wenn sie sagen: „So etwas würde ich auch gerne einmal machen!"

In den Bergen, auf einer Alm, lebt es sich unter anderen Bedingungen als im Tal.

Einfacher, mit weniger Komfort, aber dafür der Natur näher. Der Bäcker ist nicht gleich um die Ecke, ein Supermarkt auch nicht gerade „schnell mal" erreichbar. Zu den Voraussetzungen, um als Sennerin zu bestehen, gehören nach wie vor: Zupacken können, Ausdauer, Zuverlässigkeit und Selbstständigkeit. Man sollte körperlich fit sein, nicht zimperlich und auch nicht allzu ängstlich.

Das ist es auch, was die Porträts der Frauen in diesem Buch zeigen. Auch wenn „moderne" Sennerinnen manchmal aus ganz anderen Beweggründen auf die Alm gehen als noch ihre Vorgängerinnen, so verbindet sie doch einiges mit diesen Frauen aus früheren Generationen. Wenn auch die Arbeitsbedingungen in Vielem leichter geworden sind, so sind die Herausforderungen zum Teil immer noch dieselben. Es bedeutet, auf sich allein gestellt, von viel Natur umgeben und der Witterung ausgesetzt, unter oft doch noch recht archaischen Bedingungen mit den Tieren zu arbeiten.

Abends beim Melken auf der Aueralm – Elisabeth Müllauer

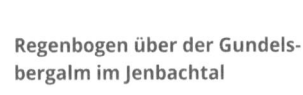

Regenbogen über der Gundelsbergalm im Jenbachtal

Elke Ettenhuber

*„Mit den Tieren ist ein Leben
als geschlossener Kreislauf möglich,
ganz so wie früher."*

Die rund 1.600 Meter hoch gelegene Jägerbauernalm über dem Schliersee ist eine der wenigen Almen in den bayerischen Bergen, die noch immer nicht mit einem befahrbaren Weg erschlossen ist. In rund eineinhalb Stunden gelangt man auf einem schmalen Pfad zu Fuß von der Spitzingsee-Straße aus hinauf. Die Hütte entspricht dem Äußeren nach zunächst ganz und gar nicht den gängigen Vorstellungen von einer bayerischen Almhütte: ohne Geranien an den Fenstern oder am Balkon – ja selbst der Balkon fehlt. Schmucklos, hoch aufragend aus Stein gebaut steht sie da, wirkt auf den ersten Blick eher wie ein Unterkunftshaus in den italienischen Alpen als eine Almhütte in Oberbayern.

Drinnen ein fröhlicher Mix aus Altem und Alternativem, Verspieltem und Praktischem. Eine alpenländische Villa Kunterbunt sozusagen: auf dem Fensterbrett eine Sammlung Keramikkühe, auf dem „Kreischter" (dem Sofa der Sennerin im Nebenkammerl) Legosteine vom Enkel. An der Tür ein Werbeplakat mit Kuh und der Aufschrift „Tanga Milk". Das Plakat stammt aus Afrika. Ein Bekannter hat es der Sennerin aus dem Kongo mitgebracht, als Beweis dafür, dass es Werbung für Kühe und Milchwirtschaft auch anderswo auf der Welt gibt.

Drei etwa gleich große Räume warten hinter der Hüttentüre auf den Besucher. Vom Mittleren geht es rechts in einen Raum, der für die Lebensmittelverarbeitung bestimmt ist. Hier macht Elke Ettenhuber aus der Milch ihrer Ziegen und der Kuh „Atti" Käse. Links geht's in eine gemütliche Stube mit großem Tisch, Ofen und Kanapee. Geradeaus führt der Weg zur Treppe, nach oben ins Schlaflager und nach unten in den Keller. Und dazwischen, direkt gegenüber der Hüttentür, führt, wie in jeder Almhütte hier in der Gegend, eine Türe hinaus in den Stall. Auch dieser wirkt überraschend groß für einen Almstall. Dennoch anheimelnd, mit alten Holzbohlen und einem großen Heulager oben drüber.

Sanitären Komfort – eine Dusche, ein Waschbecken mit fließend warmem Wasser oder ein WC – sucht der Besucher vergeblich. Waschen und Zähneputzen ist, bei jedem Wetter, am Brunnen neben der Hütte angesagt. Das Plumpsklo ist, noch ein Stück weiter, an der Stallwand. Es gibt auch keinen Strom – oder besser: nur ein bisschen Strom, für Notfälle. Eine Solarzelle auf dem Dach, fürs Handy-Aufladen vor allem. Fernseher gibt es natürlich keinen, sowieso.

Das Matratzenlager ist geräumig und hat auch Platz für persönliche Besucher. Ein eigenes „Sennerinnenkämmerchen" aber fehlt. Raum für Privatsphäre gibt es kaum, wenn Besuch da ist. Vielleicht braucht die Sennerin aber auch keine eigene Kammer als Rückzugsort. Die Hütte scheint zu sagen: Das alles ist mein Reich!

Die Jägerbauernalm

Unangepasst. Das ist der erste Eindruck von Elke Ettenhuber. Keine, die sich in eine Schublade stecken lässt, egal in welche. Diese Frau erfüllt ganz sicher keine Klischees. Sie trägt kein Dirndl zum Almabtrieb. Sie wollte auch nie so recht einsehen, warum sie die Kuhschwänze waschen soll, damit die Tiere auch „sauber ausschauen", wenn sie ins Tal kommen – wie es ihr einmal ein Bauer erklärt hat. Eine Portion Glück gehört wohl dazu, den oder die Almbauern zu finden, die wirklich zu einem passen. Es hat vier Jahre gedauert, bis sie die Jägerbauernalm – oder die Alm sie – gefunden hat. Seit mehr als 20 Jahren aber verbringt sie nun schon die Sommer dort oben. Sie ist zu „ihrer" Alm geworden.

Neben den 30 Jungrindern von drei Schlierseer Bauern ist auf der Jägerbauernalm auch Elkes kleiner Privatzoo zu finden: Ziegen, Katzen, Hühner und Hasen, ein Schwein, eine prächtige Milchkuh mit langen Hörnern und neuerdings ein Alpaka. Früher mal gab es auch Lamas, und auch Esel, Ponys und Pferde haben schon die Sommerfrische auf der Jägerbauernalm genossen. Im Winter lebt die Sennerin seit ein paar Jahren zusammen mit ihrem Freund auf einem alten Hof in der Nähe von Weyarn.

Als ich an einem Samstagabend im September auf die Alm komme, um das folgende Interview mit ihr zu führen, trottet Almkuh „Atti" gerade gemächlich zum Melken auf die Hütte zu. Von den anderen Tieren ist im Moment wenig zu sehen. Die Koima grasen hinten in „Amerika". So heißt die weitläufige Weide, die sich hinter der Almhütte Richtung Norden erstreckt. „Da kannst mi ja glei nach Amerika schicka", soll ein Senner mal gemeint haben, als ihm der Bauer auftrug, in dem weiten, hügeligen Gelände nach seinen Tieren zu suchen. Daher der Name.

In meinem Elternhaus gab es keine Tiere, und als Kind habe ich mir immer ein Tier gewünscht. Erst ein Pferd. Dann, unbedingt, einen Hund. Oder wenigstens eine Katze! Immer war die Antwort meiner Eltern: „Nein, das geht nicht." Zu meinem zehnten Geburtstag habe ich schließlich einen Wellensittich bekommen. Das war in den Augen meiner Eltern das Maximum an Tier, das möglich war.

Immer schon wollte ich mich mit Tieren umgeben, mit ihnen leben. An eine Alm habe ich damals aber noch gar nicht gedacht. Ich bin 1957 im Schwarzwald geboren. Nach der Schulzeit habe ich Erzieherin gelernt und zunächst in einem Personalkindergarten gearbeitet, nachher in einem Frauenhaus. Die Idee mit der Alm kam erst viel später. Das war zu der Zeit, als mein Mann und ich gemeinsam mit Freunden im Winter eine Alm in Oberbayern nutzen konnten. Es war die Riesenalm oberhalb von Frasdorf. Ich habe eine Sennerin und einen Senner, die in den zwei Jahren vor mir dort im Sommer gearbeitet hatten, persönlich kennengelernt. Der eine war ein Computerfachmann, der das Leben auf der Alm mal ausprobieren wollte. Er fand's ganz okay. Die andere war eine Krankenschwester, für sie wurde es eine der schlimmsten Erfahrungen ihres Lebens. Das würde sie „nie mehr machen", meinte sie.

Ich wusste also, dass im nächsten Sommer eine Almstelle dort frei sein würde und fragte bei dem Bauern nach. Ich habe mir die Almstelle ein bisschen erschwindelt, würde ich sagen. Der Bauer fragte mich zum Beispiel: „Was machst denn jetzt, wenn ein Rind Panaritium hat? Kannst du's auch alleine anhängen?" ,Mein Gott, was könnte denn bloß Panaritium sein?', hab ich mir gedacht und insgeheim gleich: ,Jetzt sag ich einfach mal ja. Vielleicht weiß ich's dann bis dahin, wenn's soweit ist.'

Und so war es auch. Ich habe mir ganz viel abgeschaut von anderen und dazugelernt mit der Zeit. Die Riesenalm war eine Genossenschaftsalm mit dem Vieh von insgesamt vier Bauern. Es war eine reine „Laufalm", also eine nur mit Jungvieh und einem großen Weidegelände, auf dem man weit zu laufen hatte, um aufs Vieh aufzu-

Elke Ettenhuber mit Almkuh „Atti"

passen. *Keine mit der Möglichkeit, eine Milchkuh zu halten und zu käsen. Aber das war auch gut so im ersten Sommer.*

Mein erster Sommer auf der Riesenalm, das war 1992. Da war ich 35 Jahre alt. Ich war damals noch verheiratet und hatte drei Kinder. Das Jüngste, mein Sohn, war fünf. Er war den ganzen Sommer über auf der Alm mit dabei. Die beiden Mädchen blieben bis zu den Schulferien bei meinem Mann im Tal. Mein Mann konnte das damals überhaupt nicht verstehen, dass ich auf die Alm will. Mich – in seinen Augen – freiwillig um 100 Jahre zurückversetzte.

Das Jahr darauf war dann auch unser Trennungsjahr. Er war dabei, Karriere zu machen, ist für eine Ausbildung nach Amerika gegangen. Nach meinem zweiten Almsommer war endgültig Schluss mit unserer Ehe. Wir waren uns wie zwei Fremde geworden. Ich habe ihn nicht mehr verstanden – und er konnte nicht nachvollziehen, was ich an dem Leben auf der Alm finde. Warum ich mein Leben auf so einer „verschissenen Alm" fristen will.

Ich habe damals natürlich noch nicht geahnt, dass ich so lange dabeibleiben würde. Ich habe mir immer gesagt: „Jetzt schau ich mir das mal ein Jahr an und dann schau ich weiter." Während meiner Zeit auf der Riesenalm gab es einen alten Nachbarsenner auf der Abergalm, den Heißn Sepp. Der war eine Legende. Am Ende meines ersten Almsommers habe ich ihn besucht. Er fragte mich: „Kimmst wieda im nächstn Summa?" Ich meinte: „I woaß ned, ob i's auf die Reihe bring', mit den Kindern und allem." Da sehe ich ihn heute noch vor mir stehen, mit dem gekrümmten Zeigefinger winken und sagen: „Du werst as scho seng, an Weihnachten, do kimmt er! Do holt er di, da Almsumma, und du konnst gor ned anders und muaßt wieda auffi!" Ganz so theatralisch ist es natürlich nicht gekommen. Aber es ist tatsächlich wie ein Virus, auch jetzt noch, nach 25 Jahren. Jedes Mal im Winter, so um Weihnachten herum, sehe ich den Zeigefinger winken.

In meinem zweiten Sommer auf der Riesenalm war ich schon etwas mutiger, habe mir mehr zugetraut. Ich hätte zu gerne eine Milchkuh mitgenommen, aber die Bauern waren dagegen. Damit würde man nur die ganze Herde ständig auf die Hütte hin mitziehen. In meinem dritten Almsommer bin ich dann auf eine Alm am Breitenstein gewechselt. Dort wollte mir der Bauer zwar auch keine Milchkuh mitgeben, aber wir sind einen Kompromiss eingegangen. Er hat mir zugesagt, dass er regelmäßig hinauffährt und mir frische Milch vom Hof mitbringt. Damit habe ich meine ersten Käse-Versuche gemacht.

Was mich am Almleben angezogen hat? Das war gar nicht so sehr etwas Konkretes. Es hätte auch etwas anderes sein können als die Alm. Doch es gibt da etwas in meinem Leben, einen Vorfall, der sicherlich mit eine Rolle gespielt hat für diese Entscheidung: Der Vater meiner ersten Tochter ist mit dem Motorrad tödlich verunglückt, da war ich erst 21. Was hatten wir für Pläne damals! Und plötzlich war der Tag vorher ganz anders als der Tag danach.

Ab da lebte ich mit dem Gedanken: Nichts verschieben! Vielleicht ist es auch so eine spezielle Eigenschaft von mir: Ich probiere Dinge einfach aus. So war das auch mit der Alm. Ich wusste, dass die Stelle frei war, und wollte es einfach mal ausprobieren – ohne zu wissen, dass es für mich sicher passen könnte. Es war damals nicht immer schon ein Traum von mir, auf eine Alm zu gehen. Und einen Aussteigertraum könnte man's schon deshalb nicht nennen, weil ich vorher nie wirklich irgendwo eingestiegen war. Ich kann mich an die Worte von Helmut Silbernagel erinnern, dem früheren Geschäftsführer des Almwirtschaftlichen Vereins Oberbayern, der einmal gesagt hat: „Wenn man auf die Alm möchte, muss man sich bereits gefunden haben. Man kann nicht auf die Alm gehen, um sich da oben zu finden." Sonst würde man es auch gar nicht aushalten dort, ganz auf sich allein gestellt.

Jede Alm ist anders, hat ihren eigenen Charakter. Und als ich die Jägerbauernalm gesehen habe, habe ich gewusst: Das passt! Hier kann ich meine Almvorstellungen

Enkel Pauli mit „Almsitzsau"

verwirklichen. *Für mich ist ein geschlossener Kreislauf, ein weitgehend autarkes Leben auf der Alm nur möglich, wenn ich Milch habe. Aus Milch kann man so viel machen. Warum soll ich ins Tal hinunter zum Einkaufen, wenn ich mich oben auf der Alm mit den Tieren und allem, was um mich herum ist, weitgehend selbst versorgen kann? Andere finden ihren Sinn vielleicht in etwas anderem. Sie wollen auf die Alm, um ihre Ruhe zu haben, ein Buch zu schreiben oder Mützen zu häkeln. Oder sie suchen sonst irgendwas dort oben.*

Hier auf der Jägerbauernalm, wo die Beschaffung von Lebensmitteln so schwierig ist, weil der Weg herauf lang und nur zu Fuß möglich ist, da ist eine Milchkuh zur Eigenversorgung wirklich notwendig. Nach meinem dritten Almsommer hatte ich schon ziemlich genaue Vorstellungen und wusste, dass ich auch unbedingt eine Milchkuh mitnehmen und käsen wollte. Hier geht es gar nicht anders, hier kann man nur so wirtschaften. Frische Milch, Joghurt, Quark, Butter, Käse – und mit den Hühnern, die ich auch habe, noch Eier dazu: Da kann man schon weitgehend autark leben und sich gut selbst versorgen.

Als ich nach meinen ersten Almsommern auf anderen Almen 1996 auf der Jäger-bauernalm anfing, wusste ich, dass ich auf jeden Fall auch Hühner und meine zwei Geißen, die ich damals schon besaß, mitnehmen will. Ich bin hier wegen den Viechern, und nur mit ihnen zusammen ist ein Leben auf der Alm als geschlossener Kreislauf möglich. Auf die Jägerbauernalm hat mir eine Freundin einmal das Buch „Für sie gab es immer nur die Alm" von Barbara Waß mitgebracht. Es geht darin um das Leben einer Sennerin vor ungefähr 100 Jahren im Salzburger Land. Da wurde mir klar, dass sich mein Almleben hier eigentlich gar nicht so viel unterscheidet von dem Leben dieser Sennerinnen früher.

Zum Beispiel habe ich auch einige Sommer lang einen Almbua gehabt. Das war für die Sennerinnen in früheren Zeiten ganz selbstverständlich, einen oder mehrere „Kuhbuam" oder manchmal auch „Kuhdirndl" als Helfer dabei zu haben. Der Quirin ist der Sohn eines almbegeisterten Vaters vom Schliersee drunten. An einem Sonntag habe ich vor der Hütte einmal unter meinen Besuchern herumgefragt, ob jemand etwas wüsste, wo ich meine Geißen im Winter unterstellen könnte. Da kam der Vater vom Quirin zu mir und meinte: „Ich mach dir einen Vorschlag. Wir machen einen Deal: Du nimmst meinen Buben im Sommer als Almbua, und ich nehme dafür deine Geißen im Winter." Darum hat der Quirin auch immer, wenn er von Gästen gefragt worden ist, ob er der Sohn der Sennerin ist, geantwortet: „Naa, i bin der Deal von der Sennerin." Der Quirin war sechs Jahre lang in den Ferien Almbua bei mir. Wo gibt's das schon noch, dass eine Sennerin einen Kuhbuam hat? Inzwischen ist er aus der Schule und macht eine landwirtschaftliche Lehre. Am Zündschlüssel seines Mopeds hat er als Anhänger eine Ohrmarke von der Atti, meiner Almkuh. Die hat sie oben auf der Alm mal verloren.

Einmal haben mich zwei 80-Jährige auf der Jägerbauernalm besucht, die meinten: „Richtig verändert hat sich hier eigentlich nicht viel." Sie waren nach dem Krieg als Flüchtlingskinder einige Jahre auf den Höfen unten im Tal einquartiert. Und im Sommer mit auf der Jägerbauernalm zum Helfen. Sie hatten ein Foto aus der Zeit dabei. Die Frau, die jetzt als über 80-Jährige vor mir saß, war darauf als junges Mäd-chen mit langen Zöpfen zu sehen.

Die beiden haben mir viel davon erzählt, wie es gleich nach dem Krieg hier war auf der Alm. Der Kuhbua wurde regelmäßig mit dem Käse nach Josefsthal hinunter-geschickt zum Bäcker. Dort hat er einen Teil vom Käse gegen Brot eingetauscht und ist mit Käse und Brot weiter nach Miesbach zum Hof. Er hat Käse und Brot abgelie-fert und meistens einmal drunten übernachtet. Am nächsten Morgen ist er mit Brot, Speck und Wurst wieder auf die Alm gestiegen.

„Na, Oma, ist bei dir alles in Butter?" – beim Buttern mit Enkel Pauli

Auch von den Almputzern haben die beiden erzählt, die es damals noch gegeben hat. Auch hier auf der Jägerbauernalm sieht man ja noch diese großen, aufgeschichteten Steinhaufen. Das waren die Almputzer, die früher bei den Bauern gegen Kost und Logis angeheuert haben, um die Almflächen sauber zu halten. Sie haben die

Steine mühselig per Hand von den Almweiden geklaubt und aufgeschichtelt. Der alte Mann meinte: „Die ham wirklich alles verputzt, manchmal sogar die Sennerinnen."

Das Handmelken habe ich bei ganz lieben Bauersleuten aus der Nähe von Wasserburg gelernt, wo ich damals wohnte. Der Bauer hat zu mir gemeint: „Wennst a bissl an Verdruss hab'n willst, dann nimmst a Millikuah mit auf'd Alm. Aber i unterstütz di trotzdem dabei. Konnst immer zum Melkn kemma, wennst mogst." Als ich dann das erste Mal unter einer Kuh gesessen bin, die gerade frisch gekalbt hatte – die sind leichter zu melken – und nach vier, fünf Litern mit Schweißtropfen auf der Stirn meinte: „So, ich hab's!", hat er nur gefragt: „Wos?"

Naiv, wie ich war, hatte ich überhaupt keine Vorstellungen davon, wie viel Milch eine Kuh gibt, eine frischmelkende gar. Das können locker 15 bis 20 Liter sein. Ich war sehr enttäuscht nach dem ersten Mal. Habe mit Hanteln geübt, um kräftigere Finger zu bekommen, und bin immer wieder zum Melken hin, bis ich's schließlich gekonnt habe. Natürlich kommt es auch darauf an, welche Kuh du mit auf die Alm bekommst. Es gibt Kühe, die sind leicht zu melken. Und andere, bei denen musst du schon etwas hinbügeln, bis sie ihre Milch hergeben.

Wie das Käsen geht, hat mir eine alte Bäuerin aus Amerang gezeigt. Auf meine Bedenken, ob ich das hinbekommen würde, meinte sie nur: „Mädl, merk dir eins: Aus Milch wird immer was! Du brauchst nur den richtigen Namen dafür." So ist dann auch der „Elkdamer"-Käse entstanden.

Was ich am Almleben am meisten schätze? Ich bin nicht auf die Alm, um dort etwas Bestimmtes zu finden, und ich war auch nicht auf der Flucht vor irgendetwas. Ich bin nicht als unzufriedener Mensch auf die Alm gegangen, in der Hoffnung, dort mein Glück zu finden. So stellen sich manche das ja vor. Aber was ich mit der Zeit gemerkt habe, was mir auf der Alm wirklich guttut, das sind diese „beruhigenden Scheuklappen", die dir das Leben hier oben verpasst. Unten hast du viel zu viele Möglichkeiten, sodass du oft nicht weißt: Soll ich jetzt lieber Radl fahren bei dem schönen Wetter? Oder doch Schwimmen gehen? Oder jemandem einen Besuch abstatten, was ich auch schon lange wollte? Da zerreißt's dich doch oft. Der ganze Freizeitstress, und dann musst du ja auch noch arbeiten!

Hier auf der Alm habe ich meine Kühe, um die geht's. Und dann den Käse. Ich habe fast nur Käse und Kühe im Kopf, könnte man sagen. Aber das ist einfach sehr beruhigend. Auf der Jägerbauernalm kommst du gar nicht auf die Idee, dass du etwas anderes machen könntest. Du kannst ja nicht so einfach weg, das fällt flach. Du hättest mindestens eine Stunde runter und wieder rauf, da kannst du nicht „schnell mal" was anderes machen. Auch die Farben sind so beruhigend hier oben: fast nur Grün, Blau und ein bisschen Braun. Man fährt einfach zurück, auch mit den Gedanken. Ein beruhigendes, überschaubares Umfeld – das ist das, was ich am Almleben sehr schätzen gelernt habe mit den Jahren. Ich bin eigentlich Brillenträgerin, aber hier auf der Alm brauche ich die Brille nicht.

In der Zeit, als meine Kinder noch klein waren, hat mich natürlich stark beschäftigt, wie meine Kinder das packen. Meine beiden Töchter waren schon etwas älter, als ich auf der Jägerbauernalm anfing. Sie blieben während der Schulzeit unten im Tal. Als meine älteste Tochter ihren Schulabschluss in Miesbach hatte, meinte sie zu mir: „Mama, du kannst schon kommen zur Abschlussfeier. Aber bitte zieh dich so an, dass keiner merkt, wo du herkommst." Sie hat wohl Angst gehabt, ich könnte dort so auftauchen, wie ich auf der Alm herumlaufe: mit meinen mistigen Gummistiefeln und dem entsprechenden Geruch dazu in den Haaren. Inzwischen aber hat sich ihre Einstellung geändert, auch wenn das Thema Tiere und Berge nicht wirklich ihre Welt ist. Die Akzeptanz dafür ist da. Sie hat gemerkt, dass auch von ihrem Freundeskreis eine gewisse Anerkennung kommt für das, was ihre Mutter macht.

Mein Sohn war im ersten Jahr auf der Jägerbauernalm erst acht. Während der Grundschulzeit konnte ich ihn dank einer Extragenehmigung im Sommer von der Schule beurlauben lassen und auf die Alm mitnehmen. Weil ich eine pädagogische Ausbildung habe, wurde das vom Schulamt genehmigt. Wir haben den Unterrichtsstoff mitbekommen und unter der Voraussetzung, dass er bis Weihnachten auf dem Stand der ganzen Klasse ist, konnte ich ihn selbst unterrichten.

Ein solches unkonventionelles, weitgehend unabhängiges und selbstbestimmtes Leben, wie es die Alm ermöglicht, hat natürlich auch seinen Preis. Unruhe, würde ich als erstes nennen. Es ist schwierig, nebenher anderweitig seinen Lebensunterhalt zu verdienen. Früher haben die Sennerinnen im Winter ja meistens wieder auf dem Hof eine Anstellung gehabt. Gerade als die Kinder noch klein waren, war's im Winter jedes Jahr oft schwer für mich, etwas zu finden. Ich war vor und nach der Alm immer auf Gelegenheitsjobs angewiesen. Aber ich bin ja aus Schwaben, und Schwaben haben bekanntlich das Motto: „Man lebt nicht von dem, was man verdient, sondern von dem, was man nicht verbraucht."

Eileen, die jüngere meiner beiden Töchter, tritt inzwischen ein bisschen in meine Fußstapfen und arbeitet oft hier oben mit als Sennerin. Und für meinen Enkel Pauli ist die Alm sowieso sein Zuhause, nicht nur wenn die Mama hier ist, auch mit der Oma. Wir teilen uns die Arbeit etwas auf. Sie verbringt ihren ganzen Sommerurlaub auf der Alm. In der Zeit kann ich auch mal weg, andere Almen besuchen zum Beispiel. Mein Almsommer ist dadurch nicht mehr ganz so lange und ich fühle mich freier, weil ich auch mal zwischendurch ein paar Tage weg kann. Das macht es für mich leichter, auch nach 24 Almsommern jedes Jahr bis Anfang Oktober durchzuhalten. Und für sie ist es eine Möglichkeit, auf die Alm zu gehen und trotzdem ihren Job in München nicht sausen lassen zu müssen.

Von manchen meiner Gäste kommt jetzt natürlich: „Die Junge ist uns ja gleich viel lieber als die Alte!" Dazu fällt mir die Geschichte ein von dem Wanderer, der auf einer Alm eingekehrt ist, irgendwo im Chiemgau war's, glaube ich. Dort hat er bei der 92-jährigen Sennerin, die vor der Hütte gesessen ist, nach einem Glas Milch gefragt. „Wart a bissl, s'Dirndl bringt's dir glei", hat die Alte geantwortet. Dann geht die Türe auf und eine 70-Jährige kommt mit dem Glas Milch aus der Hütte. Mutter und Tochter haben dort oben gemeinsam ihr Unwesen getrieben. Oft fragen mich Leute, wie lange ich das noch machen will mit der Alm. Seit ich diese Geschichte kenne, denke ich mir manchmal, so etwas könnte man natürlich sehr lange machen.

Zu meinem Bauern habe ich mal gesagt: Es gibt zwei Gründe, warum ich aufhören würde: erstens, wenn ein Fahrweg herauf gebaut würde. Das würde für mich den Charakter der Alm schon sehr verändern. Und zweitens, wenn seine Kühe keine Hörner mehr hätten. Eine Kuh ohne Hörner schaut für mich nicht wirklich aus wie eine Kuh! Natürlich kann ich es verstehen, wenn Bauern argumentieren, in einem modernen Laufstall ist die Haltung von Kühen mit Hörnern nicht möglich. Aber bei den Demeter-Bauern geht es doch auch, dass die Kühe ihre Hörner behalten dürfen.

Seit wir im Winter den alten Hof in der Nähe von Weyarn nutzen können, in dem früher die Tante von einem unserer Almbauern gelebt hat, unterscheidet sich mein Leben unten im Tal gar nicht mehr so sehr von dem oben auf der Alm. Das wäre natürlich anders, wenn ich im Winter in der Stadt leben würde. Und wenn ich im Herbst unten im Tal irgendwo Kühe auf einer Weide sehe, fange ich automatisch an zu zählen. Das ist fast wie ein Reflex: Ich muss schauen, ob auch alles in Ordnung ist mit ihnen. Der Almsommer ist für eine Sennerin erst so richtig vorbei, wenn sie keine Kühe mehr auf der Weide sieht.

Jägerbaueralm

Ausgangspunkt: An der Straße zum Spitzingsattel, ca. 1 km unterhalb des Sattels auf der linken Straßenseite beginnt bei einem kleinen Parkplatz der markierte Wandersteig.

Gehdauer: ca. 2 Stunden

Höhe: 1.550 Meter ü. NN

Einkehrmöglichkeiten: Während der Almzeit (Anfang Juni bis Mitte Oktober) gibt es typische Almprodukte, auch Milch, Butter und Käse aus eigener Produktion. Alles, was sonst an Verpflegung nötig ist, muss die Sennerin zu Fuß hochbringen (lassen). Wanderer können sich am Getränketransport beteiligen, indem sie aus der großen Holzkiste unten am Beginn des Steigs Bier- oder Limoflaschen mit nach oben nehmen. Es gibt keine festen Preise, jeder Gast spendet einen frei gewählten Betrag für die Bewirtung (Stand Sommer 2017).

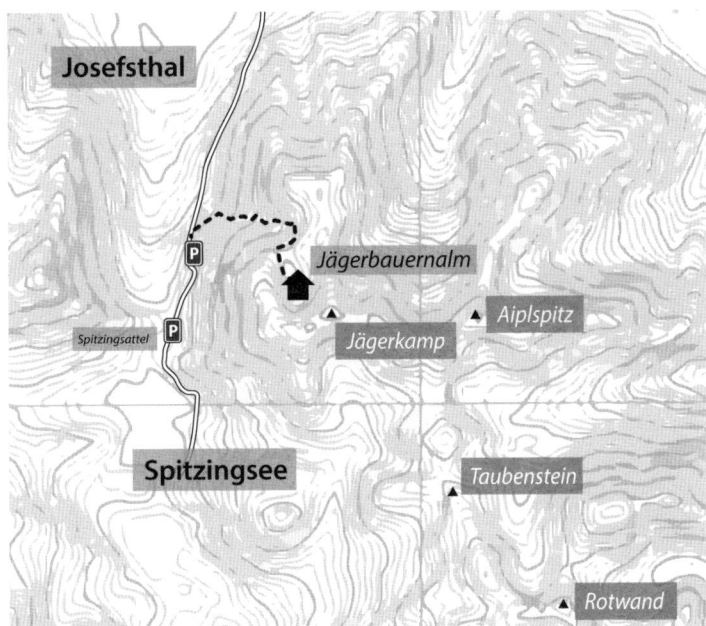

Anmerkungen

1. Der Diplom-Ingenieur Gerhard Oelkers hat in jahrelanger ehrenamtlicher Arbeit die Datenbank „Oberbayerische Almen" aufgebaut, die auch ein umfangreiches Glossar zu almwirtschaftlichen Begriffen enthält, auf das ich mich hier zum Teil beziehe. Oelkers hat seine Alm-Datenbank der „Initiative AgrarKulturerbe" der Gesellschaft für Agrargeschichte zur Verfügung gestellt, die im Internet öffentlich zugänglich ist: www.agrarkulturerbe.de.
2. Jon Mathieu: Die Alpen, S. 82 f.
3. Markus Schütz: „Zentner stemmen, Küechli backen" in: Zalp 27/2016; Schütz hat u.a. auch eine wissenschaftliche Arbeit über die ersten „Aussteiger"-Älpler in der Schweiz in den 1970er und 1980er Jahren geschrieben, die der Schweizer Alpwirtschaft damals aus ihrer Personalkrise halfen.
4. Reinhold Messner: Bergvölker – Bilder und Begegnungen, S. 25.
5. Erst im Jahr 2009 gab der Salzburger Erzbischof zum Hexenprozess gegen Maria Pauer eine Stellungnahme ab, in der er die Verurteilung als Justizmord und entsetzliches Verbrechen bezeichnete.
6. Carl Erenbert Freiherr von Moll/Franz von Paula Schrank: Naturhistorische Briefe über Oesterreich, Salzburg, Passau und Berchtesgaden, 1785.
7. Georg Jäger: Fernerluft und Kaaswasser. Hartes Leben auf den Tiroler Almen, S. 109.
8. Der Fall ist nachzulesen in Band II der Chronik der Gemeinde Aschau i. Ch.: Wälder und Almen im Priental (S. 162 f.).
9. Ebd.
10. Ebd.
11. Belsazar Hacquet: Reise durch die norischen Alpen physikalischen und anderen Inhalts, unternommen in den Jahren 1784 bis 1786, Nürnberg 1791.
12. Rupert Wörndl in der Zeitschrift des Almwirtschaftlichen Vereins Oberbayern, „Der Almbauer", Oktober 2012, S. 14.
13. Inge Friedl: Almleben, S. 106.
14. Johann Nepomuk Vogl: Neuer Lieder-Frühling, S. 120.
15. Lorenz Westenrieder: Bairische Beyträge zur schönen und nützlichen Literatur, München 1780.
16. Bodo Hell, Eva Kreissl, Franz Mandl: Auf der Alm ... (Katalog zur Ausstellung 2004), S. 82.
17. Ludwig Steub: Das bayerische Hochland, S. 238.
18. Ebd., S. 240 f.
19. Ludwig Steub: Wanderungen im bayerischen Gebirge, S. 146.
20. Heinrich Noe: Bairisches Seenbuch, S. 89f.
21. Georg Queri: Kraftbayrisch, S. 55.
22. Karl May: Der Weg zum Glück, S. 1.
23. Ebd., S. 1.
24. Susanne Päsler: Die Geier-Wally, in: Augsburger Volkskundliche Nachrichten, 01/1995, S. 24-37.
25. Die Abkürzung „fl." steht für „Florentiner Gulden", die damals in Bayern übliche Währung.
26. Joseph Friedrich Lentner: Bavaria. Bd.1, S. 19 ff.
27. Johannes Fuchs: Der Physikatsbericht für das Landgericht Prien von 1861, zit. nach Rupert Wörndl: Wälder und Almen im Priental, S. 154 f.
28. Lentner: Bavaria, S. 22.
29. Barbara Passrugger: Hartes Brot, S. 9
30. Ebd., S. 108.
31. Barbara Waß: Für sie gab es immer nur die Alm, S. 22.
32. Ebd., S. 25.
33. Ebd., S. 25.
34. Barbara Voggenauer in: Der Almbauer 2/1954.
35. Barbara Waß: Für sie gab es immer nur die Alm, S. 79.
36. Zit. nach dem Ramsauer Gemeindeblatt („Ramsauer Bladl") Nr. 50 vom Juni 2013.
37. Dieses und die beiden vorigen Zitate stammen aus Elisabeth Müllauers Büchlein „Almgeschichten. Erinnerungen an die Almsommer 1946 bis 1951".

38. Alle Auszüge aus Elisabeth Müllauer: Almgeschichten. Erinnerungen an die Almsommer 1946 bis 1951.

39. Barbara Passrugger: Hartes Brot, S. 20.

40. Barbara Waß: Für sie gab es immer nur die Alm, S. 60.

41. Lentner: Bavaria, S. 16 f.

42. Josef Dürnegger: Der Samerberg in Vergangenheit und Gegenwart, S. 214.

43. Max Hickl: Erinnerungen als Lehrer von Stein (beginnend um 1920), Hg. vom Heimat- und Geschichtsverein Aschau i. Ch., 1987.

44. Ebd.

45. Oberbayerisches Volksblatt, (Rosenheimer Anzeiger) vom 15. Oktober 1949, S. 4.

46. Therese Kolb hat ihre Erinnerungen in einer Familienchronik aufgeschrieben. Alle hier zitierten Passagen sind daraus entnommen.

47. Therese Kolb: Geschichten um den Brunnthalerhof, Brannenburg 2000, S. 32.

48. Zit. nach Roland Girtler: Wilderer. Rebellen in den Bergen, S. 228 f.

49. Ebd., S. 224.

50. Ebd., S. 224.

51. Die Weiderechte wurden 1994 von der Bayerischen Staatsforstverwaltung im Zuge der Trennung von Wald und Weide drei Bauern aus Übersee am Chiemsee als Tauschflächen zugesprochen.

52. Auch Anna Reiter hat vieles selbst aufgeschrieben und in einem privat herausgegebenen Büchlein zusammen-gefasst. Aus diesem und persönlichen Gesprächen mit ihr ist dieses Porträt entstanden.

53. Zit. nach Rupert Wörndl: 500 Jahre Almwirtschaft im Priental, S. 86 f.

54. Lentner: Bavaria, S. 21.

55. Ebd., S. 21.

56. Barbara Waß in: Dorothea Muthesius: Schade um all die Stimmen, S. 230.

57. Adolf Eichenseer: Volksgesang im Inn-Oberland, S. 47 f.

58. Georg Schierghofer: Volkskundliche Beiträge. In: Audorfer Heimgarten. Heimatkundliche Beilage des Oberaudorfer Anzeigers", hrsg. von G. Schierghofer (Jg. 1–5, 1925-1934).

59. Ebd.

60. Ludwig Benedikt Freiherr von Cramer-Klett: Die Heuraffler und andere Bergjägergeschichten; zit. nach: Rupert Wörndl: Wälder und Almen im Priental, Chronik Aschau, S. 435 f.

61. Die Roaner Sängerinnen traten nach dem Zweiten Weltkrieg als Geschwister-Dreig'sang auf und waren in den 1950/60er-Jahren eine der bekanntesten bayerischen Volksmusik-gruppen.

62. Der Wittelsbacher Herzog Maximilian Joseph in Bayern (1808 –1888), auch als „Zither-Maxl" bekannt, war einer der bedeutendsten Förderer der bayerischen Volksmusik im 19. Jahrhundert.

63. Inge Friedl: Almleben, S. 94.

64. Ebd., S. 96.

65. Lentner: Bavaria, S. 20 f.

66. Eichenseer: Volksgesang im Inn-Oberland, S. 34.

67. Kiem Pauli: Auf Volksliedfahrt, in: Kurt Huber zum Gedächtnis, S. 112.

68. Ebd., S. 113.

69. Ebd., S. 113.

70. nach Werner Bätzing: Kleines Alpen-Lexikon.

71. Transkriptionstext des Interviews mit Max Pfaffinger sen., geführt am 22.3.1998, in: Marianne Willer-Gabriel: Landwirtschaft im oberen Priental seit 1850. Chronik Aschau i. Ch. Bd. 13, S. 528.

72. Marianne Heilmannseder: Almen in Oberbayern, S. 27 f.

73. Ihr jüngstes Werk, „Der Junge aus Auschwitz", berichtet über das Leben des Münchner Sinto Peter Höllenreiner.

74. Hans Zoebelein: Brotzeitalmen. Die Wandertipps zu Almen in den bayerischen Bergen zwischen Inn und Isar sind auf der Internetseite des DAV Schliersee zu finden (www.dav-schliersee.de).

75. Bayerisches Staatsministerium für Ernährung, Landwirtschaft und Forsten (Hrsg.): Alm- und Alpwirtschaft in Bayern, S. 79.

76. Bayerisches Staatsministerium für Ernäh-rung, Landwirtschaft und Forsten & Staatsmi-nisterium des Innern: Schutz dem Bergland – Almen/Alpen in Bayern. München 1972, S. 27.

77. Michael Hinterstoißer: Almausschank im Berchtesgadener Land, in: Der Almbauer, 59. Jg., 3/2007, S. 35.

78. Oberbayerisches Volksblatt Rosenheim vom 27. Juli 2014, S. 18.

79. Daniela Nuber: Mein Almsommer, S. 10.

80. www.almwirtschaft.com: Auf der Seite findet sich übrigens auch ein Hinweis auf Daniela Nubers Buch. Darin heißt es: „Daniela Nuber hat auf den Bergweiden Tirols die knochenharte Arbeit der Sennerinnen und die Entbehrungen des Lebens im Gebirge kennengelernt. [...] – Nachmachen ist erlaubt!"

81. Zit. nach ihrem Blog (https://almsommer. wordpress.com/2010/10/19/rosenkranz/). Daniela Nuber begann schon während ihres Almsommers 2010 mit einem Internet-Blog, aus dem später ihr Buch entstand.

Literaturverzeichnis

Aberle, Andreas: Wie's früher war in Oberbayern. Von Bauern und Königen, Sennerinnen, Flößern und Holzknechten, Festen und Feiern im alten Bayern. Rosenheimer Verlagshaus 1973.

Bätzing, Werner: Kleines Alpen-Lexikon. Wirtschaft – Umwelt – Kultur. Beck'sche Reihe 1997.

Ders.: Die Alpen. Geschichte und Zukunft einer europäischen Kulturlandschaft. C.H.Beck 2015.

Bayerisches Staatsministerium für Ernährung, Landwirtschaft und Forsten (Hrsg.): Alm- und Alpwirtschaft in Bayern. Broschüre 2010 (www. stmelf.bayern.de/mam/cms01/allgemein/ publikationen/l2_almbuch.pdf, abgerufen am 27.12.2016).

Bodenstedt, Friedrich von: Eines Königs Reise. München 1879.

Cramer-Klett, Ludwig Benedikt Freiherr von: Die Heuraffler und andere Bergjägergeschichten. F.C. Mayer Verlag München-Solln 1950.

Dürnegger, Josef: Der Samerberg in Vergangenheit und Gegenwart. Törwang, 2. Aufl. 1929.

Eichenseer, Adolf: Volksgesang im Inn-Oberland. Quellen und Darstellungen zur Geschichte der Stadt und des Landkreises Rosenheim, hrsg. von Albert Aschl, Bd. VI, Historischer Verein Rosenheim 1969.

Fath, Traude und Wolfgang (Hrsg.): Frauenleben in alter Zeit. Mütter und Töchter erzählen. Böhlau Verlag 2007. (Darin: Barbara Waß, S. 107-119; Barbara Passrugger: S. 151-156.)

Friedl, Inge: Almleben. So wie's früher war. Styria Verlag 2013.

Girtler, Roland: Wilderer. Rebellen in den Bergen. Böhlau Verlag, 4. Aufl. 2003.

Ders.: Streifzüge des vagabundierenden Kulturwissenschaftlers. Böhlau Verlag 2007.

Gockerell, Nina: Das Bayernbild in der literarischen und „wissenschaftlichen" Wertung durch fünf Jahrhunderte. Volkskundliche Überlegungen über die Konstanten und Varianten des Auto- und Heterostereotyps eines deutschen Stammes. Neue Schriftenreihe des Stadtarchivs München 1974.

Heilmannseder, Marianne: Almen in Oberbayern. Geschichte, Brauchtum, Leben. Stöppel Verlag 1988.

Hell, Bodo / Kreissl, Eva / Mandl, Franz: Auf der Alm ... Kleine Schriften des Landschaftsmuseums Landesmuseum Joanneum, Heft 29 (Katalog zur Ausstellung 2004).

Hickl, Max: Erinnerungen als Lehrer von Stein (beginnend um 1920), hg. vom Heimat- und Geschichtsverein Aschau i. Ch. 1987.

Hillern, Wilhelmine von: Die Geier-Wally. Eine Geschichte aus den Tyroler Alpen. Paetel Berlin 1875.

Jäger, Georg: Fernerluft und Kaaswasser. Hartes Leben auf den Tiroler Almen. Universitätsverlag Wagner 2008.

Kirchengast, Christoph: Über Almen zwischen Agrikultur und Trashkultur. Innsbruck University Press 2009.

Lechner, Eva: Tiroler Almen. Porträt der Nord- und Osttiroler Almen-Landschaft. Löwenzahn 1995.

Lentner, Joseph Friedrich: Bavaria. Land und Leute im 19. Jahrhundert, Bd.1: Von Almen, Schützen, Wirtshäusern, Märkten etc. Hrsg. von Paul S. Rattelmüller. Süddeutscher Verlag 1987.

Mathieu, Jon: Die Alpen. Raum, Kultur, Geschichte. Reclam Verlag 2015.

May, Karl: Der Weg zum Glück. Höchst interessante Begebenheiten aus dem Leben und Wirken des Königs Ludwig II. von Baiern. Lieferung 1, Dresden 31.7.1886.

Messner, Reinhold: Bergvölker. Bilder und Begegnungen. BLV Verlagsgesellschaft 2001.

Müllauer, Elisabeth: Almgeschichten. Erinnerungen an die Almsommer 1946 bis 1951. Aufgezeichnet 1994 für ihre Kinder und Enkelkinder, hrsg. im Selbstverlag 1995 (2. Aufl. 1997).

Nationalparkverwaltung Berchtesgaden: Das höchste Leben. Almwirtschaft im Berchtesgadener Land. Katalog zur Ausstellung 2004.

Noé, Heinrich: Bairisches Seenbuch. München 1865.

Nuber, Daniela: Mein Almsommer. Von der Stadt in die Berge. Ulmer Verlag 2012.

Oelkers, Gerhard: Unsere Almen. Datenbank und Glossar 2005 (www.agrarkulturerbe.de, abgerufen am 30.03.2017).

Papathanassiou, Maria: Sennerinnen. Zur Geschichte ländlicher Frauenarbeit in den österreichischen Alpen vom späten 18. Jahrhundert bis in die Zwischenkriegszeit, in: Histoire des Alpes – Storia delle Alpi – Geschichte der Alpen, Band 16 (2011).

Päsler, Susanne: Die Geier-Wally. Eine Romanfigur im Spiegel ihrer Popularität. In: Augsburger Volkskundliche Nachrichten, 01/1995, S. 24-37.

Passrugger, Barbara: Hartes Brot. Böhlau Verlag 1989.

Prugger, Irene: Almgeschichten. Vom Leben nah am Himmel. Löwenzahn 2010.

Queri, Georg: Kraftbayrisch. Ein Wörterbuch der erotischen und skatologischen Redensarten der Altbayern: mit Belegen aus dem Volkslied, der bäuerlichen Erzählung und dem Volkswitz. München 1912.

Reichl, Joseph: Reisehandbuch für Salzburg, das Salzkammergut, Tirol, Vorarlberg und das südbairische Gebirgsland. Berlin 1845.

Ringler, Alfred: Almen und Alpen. Höhenkulturlandschaften der Alpen. Ökologie, Nutzung, Perspektive. Hrsg. von Verein zum Schutz der Bergwelt München (Langfassung 1448 S., auf CD in gedruckter Kurzfassung 134 S.) 2009.

Schierghofer, Georg: Volkskundliche Beiträge. In: Audorfer Heimgarten. Heimatkundliche Beilage des Oberaudorfer Anzeigers, hrsg. von G. Schierghofer (Jg. 1–5, 1925–1934).

Schütz, Markus: Zentner stemmen, Küechli backen, in: Zalp 27/2016, S. 8–11.

Senft, Hilde und Willi: Unsere Almen. Erleben, verstehen, bewahren. Leopold Stocker Verlag 1986.

Dies.: Die schönsten Almen Österreichs: Brauchtum & Natur – Erwandert und erlebt. Leopold Stocker Verlag 2009.

Steub, Ludwig: Das bayerische Hochland. München 1860.

Ders.: Wanderungen im bayerischen Gebirge. München 1864.

Waß, Barbara: Für sie gab es immer nur die Alm. Erschienen in der Reihe „Damit es nicht verlorengeht", Bd. 16, Böhlau Verlag 1988.

Weber, Beda: Das Land Tirol. Ein Handbuch für Reisende. Bd. 1-3, Innsbruck 1837/38.

Weidlich, Ariane: Kühe – Käse – Kranzzeug. Zwei Sennerinnen aus Berchtesgaden berichten. In: Auf der Hut. Hirtenleben und Weidewirtschaft. Schriften Süddeutscher Freilichtmuseen, Bd. 2, 2003.

Weitzenbeck, Georg Anton in: Alte Forschungs- und Reiseberichte aus dem Berchtesgadener Land. (Hrsg. vom Nationalpark Berchtesgaden) Bd. 14/1988.

Westenrieder, Lorenz: Bairische Beyträge zur schönen und nützlichen Literatur. München 1780.

Willer, Maria Anna: Landwirtschaft im Priental seit 1850. In: Stefan Breit und Marianne Willer-Gabriel: Landwirtschaft im Priental. Quellenband 13 der Chronik Aschau i. Ch. Hrsg. Gemeinde Aschau i. Ch. 2001. S. 268-549.

Wörndl, Rupert: Wälder und Almen im Priental. Chronik Aschau i.Ch., Bd. II, 2. (überarbeitete) Aufl., 2008.

Ders.: 500 Jahre Almwirtschaft im Priental. Hrsg. vom Heimat- und Geschichtsverein Aschau i. Ch., 1996.

Zoebelein, Hans: Das Brotzeitalmenbuch (www.dav-schliersee.de/modules.php?name=-Sections&sop=viewarticle&artid=2, abgerufen am 11.01.2017).

Abbildungsverzeichnis

Johanna Bauer: 176 f., 182

Matthias Bauer (Karten): 71, 101, 124, 138, 155, 173, 183, 199, 215

Elisabeth Bichler: U1, 4 f., 10, 19, 25 rechts – 28, 30, 32 f., 41 f., 48, 50, 53, 59 f., 64–67, 69, 70 unten, 73 unten, 76 f., 79, 112, 115 oben, 117 f., 127 oben, 140–146, 157 oben, 161–163, 184 links, 186 unten, 200 f., U4

Elke Ettenhuber: 203, 205, 207, 209, 211

Rita Fesl: 149, 151, 153

Anni Kirchberger: 175, 179

Elisabeth Lederer: 1, 18, 20 f., 22 f., 29, 38, 43, 45, 47, 49 oben, 52, 56 unten, 58 links, 68, 70 oben, 74 f., 80–82, 102 f., 104 f. rechts, 106–109, 111, 114, 115 unten, 121 f., 126, 127 unten, 145 unten, 157 unten, 159, 186 oben, 197, 200 links, 218

Familie Müllauer, Oberbindham: 34 f., 85 f., 88–90, 92, 94, 97–100, 165, 202

Daniela Nuber: 187–191, 193

Anna Reiter: 129, 131, 133, 136

Familie Lorenz Unker: 8 f., 24 f. links, 37, 46, 49 unten, 55, 56 oben, 58 rechts, 61–63, 73 oben, 86 f. oben, 104, 139, 164, 184 f., 221, 224

Maria Anna Willer: 167, 169

Dank

Mein Dank gilt den Frauen und ihren Familien, die dieses Buch möglich gemacht haben, durch ihre Berichte und Erzählungen bzw. durch die Erlaubnis zum Abdruck von Fotos und Aufzeichnungen. Genannt seien hier insbesondere:

Elisabeth Lederer, die mir die Fotoalben ihres Großvaters Alois Burmer zur Verfügung gestellt hat.

Elisabeth Bichler für die Fotoalben meiner Großtante Sabina Bichler, Meil-Sennerin.

Die Familien von Therese Kolb und Elisabeth Müllauer für Fotomaterial und die Erlaubnis zum Abdruck von Passagen aus den Aufzeichnungen der beiden Frauen, aus denen ihre Porträts entstanden sind.

Anna Reiter, die mir in vielen Gesprächen aus ihrer Almzeit erzählt hat, für persönliche Fotos und die Erlaubnis, aus ihrem selbst verfassten Buch zu zitieren.

Anni Kirchberger, viele Jahre Sennerin, in deren Fußstapfen ich 2009 auf der Durhameralm treten durfte.

Meine „Sennerinnen-Kolleginnen" Maria Anna Willer, Rita Fesl, Daniela Nuber und Elke Ettenhuber für das Teilen ihrer Alm-Erfahrungen und Erlebnisse.

Michael Hinterstoißer und Marianne Eberhard von der Geschäftsstelle des Almwirtschaftlichen Vereins Oberbayern sowie Rupert Wörndl vom Heimat- und Kulturverein Frasdorf danke ich für die vielen Hinweise und Informationen.

Danke auch an meine Geschwister und meine Söhne Markus und Matthias für ihre hilfreiche und tatkräftige Unterstützung! Gewidmet ist das Buch unserer verstorbenen Mutter und Großmutter Sabine Unker, in Liebe und Dankbarkeit.